U0393950

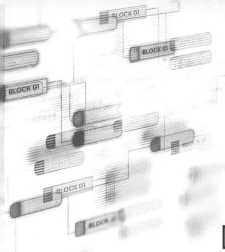

素养提升科普系列丛书

"块"进一步

——区块链素养提升课

中国电子学会◎编

中国人事出版社

图书在版编目（CIP）数据

"块"进一步：区块链素养提升课 / 中国电子学会编. -- 北京：中国人事出版社，2024. --（全民数字素养提升科普系列丛书）. -- ISBN 978-7-5129-2046-0

Ⅰ. TP311.135.9

中国国家版本馆 CIP 数据核字第 2024PV3181 号

中国人事出版社出版发行

（北京市惠新东街 1 号　邮政编码：100029）

*

保定市中画美凯印刷有限公司印刷装订　　新华书店经销

880 毫米 × 1230 毫米　32 开本　6 印张　120 千字

2024 年 10 月第 1 版　　2024 年 10 月第 1 次印刷

定价：26.00 元

营销中心电话：400-606-6496

出版社网址：http://www.class.com.cn

编委会

主　　任：陈　英

主　　编：马小峰　曹学勤

副 主 编：李文锋　王海涛　杨晓春

编写人员：杨宸哲　宋　豪　李炜博　杨　晋
　　　　　赵增旭　季　婧　贾明鑫

出版说明

当今世界正经历百年未有之大变局，我国正处于实现中华民族伟大复兴关键时期。党的二十大提出，要加快发展数字经济，促进数字经济和实体经济深度融合，打造具有国际竞争力的数字产业集群。"十四五"时期，数字经济将继续快速发展、全面发力，成为我国推动高质量发展的核心动力。发展数字经济，推动数字产业化和产业数字化，亟须提升全民数字素养，增加数字人才有效供给，形成数字人才集聚效应，发挥数字人才的基础性作用，加快发展新质生产力。

2024 年，中央网信办、教育部、工业和信息化部、人力资源社会保障部联合印发《2024 年提升全民数字素养与技能工作要点》，指出 2024 年是中华人民共和国成立 75 周年，是习近平总书记提出网络强国战略目标 10 周年，是我国全功能接入国际互联网 30 周年，做好今年的提升全民数字素养与技能工作，要以习近平新时代中国特色社会主义思想为指导，以助力提高人口整体素质、服务现代化产业体系建设、促进全体人民共同富裕为目标，推动全民数字素养与技能提升行动取得新成效，以人口高质量发展支撑中国式现代化。

为紧密配合全民数字素养与技能发展水平迈上新台阶，推进数字素养与技能培育体系更加健全，进一步缩小群体间数字鸿沟，助力提高数字时代我国人口整体素质，支撑网络强国、人才强国建设，中国人事出版社组织国内权威的行业学会协会、高校、科研机构，由院士级专家学者领衔，联合推出"全民数字素养提升科普系列丛书"。

丛书定位于服务国家数字人才发展大局，推动数字时代数字经济和数字人才高质量发展；着眼于与社会人才需求同频共振，参与数字赋能、全员素养提升行动；着力于提升国家科技文化软实力，打造优秀科普作品。丛书聚焦人工智能、物联网、大数据、云计算、数字化管理、智能制造、工业互联网、虚拟现实、区块链、集成电路等数字技术领域，采取四色彩印形式，单书成册，以科普式的语言及图文并茂的呈现方式展现数字技术领域技术发展、职业发展、产业应用的全貌。

每本书均分为4篇，分别为数字知识篇、数字职业篇、数字产业篇、数字未来篇。数字知识篇采用一问一答的形式，问题由简入繁；数字职业篇围绕特定的数字经济领域介绍相关职业的由来、人才培养及促进高质量就业等情况；数字产业篇介绍数字技术在工业生产及人民生活中的应用发展；数字未来篇展现数字产业的前瞻性发展。

期待丛书的出版更好地服务于全民数字素养提升，激发数字人才创新创业活力，为数字经济高质量发展赋能蓄力。

目　录

数字知识篇

20世纪80年代，互联网的诞生创造了全新的数字商业时代，科技颠覆性地降低了信息流动、交换和搜索的成本，催生出全新的组织模式和商业模式，互联网创新应用层出不穷。

随着依赖互联网的商业活动日益增多，克服互联网自身种种弊端的需求越来越迫切。区块链技术恰好满足了人们对数据可信、安全交换的需求，而基于区块链技术构建的可以传递价值的"价值互联网"，也成为社会发展的必然。

数字知识篇主要帮助读者了解区块链的基本知识，熟悉区块链技术在经济社会的价值和应用。本篇分为启蒙知识、专业理论、技术应用与发展三个部分。启蒙知识部分介绍了区块链的基本概念、发展历程和现实意义；专业理论部分围绕区块链的五层体系结构（数据、网络、共识、合约、应用层）展开，主要介绍与区块链密切相关的技术知识，如哈希算法、默克尔树、智能合约等；技术应用与发展部分深入探讨了区块链在社会各个领域的应用与发展。

第 *1* 课

启蒙知识

1. 什么是区块链？

按照国际标准化组织的定义，区块链是采用密码学手段保障的、只可追加的、通过区块链式结构组织的分布式账本。简单来说，它就像是一个公共的、透明的记录本，将每一笔交易都安全地记录下来，并且按照时间顺序串联起来，形成了一条不可更改的链。区块链结构如图 1-1 所示。

就技术而言，区块链可以理解为一种分布式数据库，由多个节点共同维护，利用链式数据结构来验证与存储数据，利用分布式节点共识算法来生成和添加数据，利用密码学技术保证数据传输和访问安全，利用由自动化脚本代码组成的智能合约来编程和操作数据，形成一条不断增长的链，是一种全新的分布式架构与计算范式。

广义而言，区块链通过密码学技术和可信规则，构建不可伪造、不可篡改和可追溯的块链式结构，能够可靠地记录、追溯交易

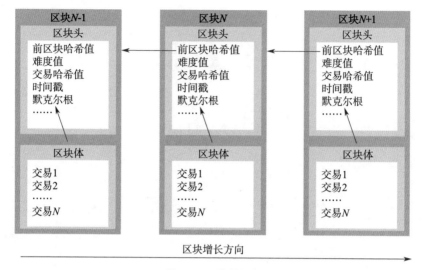

图 1-1　区块链结构

历史。区块链的核心价值在于：一是通过技术手段实现多个参与方在统一规则下自发高效协作；二是通过代码、协议、规则为分布式网络提供信用基础；三是能够利用技术支撑多个参与方之间数据资产与数字资产的安全、可靠流通交易。

2. 区块链中的"区块"是什么，"链"是什么？

如图 1-1 所示，"区块"表示一个数据块，相当于账本中的一页，每个区块由区块头和区块体两部分组成。其中，区块头记录本区块的关键特征信息，区块体记录本区块的交易以及由此产生的默克尔树（哈希树）。以比特币为例，其区块包含版本号；区块头包括前区块哈希值、难度值、交易哈希值、时间戳、默克尔根、随机数等内容；区块体包括交易 1、交易 2……交易 N 等内容。

　　所谓"链"是指通过哈希函数计算区块头的内容，生成区块的"指纹"（可理解为基因）并指向下一个区块，把分散在网络世界的"页"按先后顺序串联起来，就像给账本加上了"页码"，从而形成完整的"账本"——区块链。这一账本由所有参与的节点共同维护和管理。

3. 区块链的起源是什么？

　　区块链的起源可以追溯到 2008 年，由化名为中本聪的个人或团队提出。在题为"比特币：一种点对点电子现金系统"的白皮书中，中本聪首次详细描述了区块链技术的构成要素，并以此作为支撑比特币系统运行的核心技术和基础设施。

4. 区块链的发展历程是什么？

　　自 2008 年中本聪的比特币白皮书发布以来，区块链经历了加密数字货币、可编程加密数字货币和分布式应用三个阶段，其应用范围逐步扩展到社会生活的方方面面。这三个阶段可以分别被称为区块链 1.0、区块链 2.0 和区块链 3.0，反映了区块链技术的成熟和发展。区块链各阶段对比见表 1-1。

表 1-1　区块链各阶段对比

阶段	特点	代表
区块链 1.0	电子现金、去中介化交易	比特币
区块链 2.0	智能合约、可编程数字资产	以太坊、超级账本
区块链 3.0	去中心化网络、价值互联网	第三代互联网

（1）区块链 1.0

区块链 1.0 始于世界上第一个加密货币比特币，这个阶段的特点是电子现金和去中介化交易。

（2）区块链 2.0

2013 年，以太坊初创白皮书发布，被普遍认为开启了区块链 2.0 时代。跟比特币系统一样，以太坊也是一个公开、无须许可即可加入的区块链，在比特币系统的基础上，以太坊实现了可编程、可交易。区块链 2.0 的主要贡献是增加了图灵完备的智能合约、多样化的共识算法和更多的分布式应用。

（3）区块链 3.0

以价值互联网为代表的区块链应用意味着区块链发展已进入 3.0 时代。区块链 3.0 的主要关注点是可持续性、可扩展性、成本效益、更多的去中心化和更高的安全性，其应用场景广泛，允许世界各地不同区块链网络实现互操作。区块链技术是第三代互联网（Web 3.0）的核心驱动力，区块链 3.0 与分布式数字身份（DID）和隐私保护等技术的进一步深度融合，构建了第三代互联网的技术架构。

知识链接

分布式数字身份：作为 Web3.0 的代表性应用，分布式数字身份（Decentralized Identity，DID）是指将一个经过密码学加密的分布式个人身份认证标识，与可信身份认证平台上的真实身份关联，可以让多方组织在不接触个人隐私的前提下确认个人身份。在 DID 系统中，个人身份信息被加密并分布存储在网络中的多个节点上，而不是集中存储在单个中心服务器上。这些节点彼此验证信息的真实性，确保数据的完整性和安全性。当需要验证身份时，系统会通过多个节点验证，从而降低了被攻击或篡改的风险。DID 不仅提高了安全性，还增强了用户对个人数据的控制权，用户可以更好地管理和授权个人信息的使用，而无须依赖中心化机构。

隐私保护：隐私保护是一种旨在保护个人或集体不被外界知晓信息的安全措施。隐私保护的核心在于确保个人或集体的私人信息、活动或领域，不被未经授权的人获取或干扰。这些信息包括：个人信息，如身份信息、健康状况、财务数据等；集体信息，如团体行为的敏感信息。隐私保护的重要性在于它既是对个人权利的尊重，又有助于维护社会安全。在数字时代，随着个人信息在网络上更容易被搜集和处理，隐私保护变得更加重要。

5. 区块链和比特币之间有什么关系？

区块链技术是构建比特币数据结构与交易信息加密传输的基础技术，与比特币同时诞生。随着 2009 年 1 月中本聪成功地从创世块中挖出第一批 50 枚比特币，比特币成为真正意义上第一项基于区块链技术的应用。

通过比特币的多年应用和实践，区块链技术的成熟度与安全性得到了长足进步，随着智能合约被引入区块链技术架构，区块链有了更为广阔的应用与发展空间。比特币与区块链的对比见表1-2。

表1-2　比特币与区块链的对比

项目	比特币	区块链
本质	一个基于密码学的数字货币	一种分布式价值传递技术架构
算法	工作量证明（PoW）	多种共识算法，如权益证明（PoS）、权益授权证明（DPoS）、实用拜占庭容错（PBFT）等
交易速度	≤7 笔/s	不同算法速度不同
链接形式	公有链	公有链、联盟链、私有链

6. 区块链和加密货币之间有什么关系?

区块链是一种底层技术，是一种分布式账本结构，具有去中心化、公开透明、可追溯等核心技术优势。它的应用场景广泛，不仅可以支持多种类型的数字资产，还可以应用于医疗、教育、物联网等行业。而加密货币则是一种数字资产，使用加密算法控制货币单位的创建和传输，用于存储和传输价值。区块链可以支持多种类型的数字资产，而不仅仅是加密货币。

所以说，加密货币是区块链技术的应用之一，而区块链是支持加密货币的底层技术和基础设施。区块链和加密货币密切相关，但它们之间存在明显的区别。

7. 区块链系统的主要技术类型有哪些？

区块链系统的技术类型主要分为公有链、联盟链和私有链三类。

公有链是去中心化的区块链系统，比特币和以太坊是公有链的典型代表。最初，区块链就是以公有链的形式问世，其网络开放度最高，无须授权或实名认证，任何人都可以访问，并且可以自由地加入或退出。

联盟链是由若干组织机构共同建立的许可链，联盟链的成员都可以参与交易、根据权限查询交易。联盟链本质上是一个多中心化的区块链系统，其开放程度介于公有链和私有链之间。

私有链是在组织内部建立和使用的许可链，其读写和记账权限严格按照组织内部的运行规则设定。虽然私有链是中心化的系统，但是相比传统的中心化数据库，它依然具有高完备性、可追溯、不可篡改、防止内部作恶等优势。

8. 区块链能做什么？

从技术的角度看，区块链是一种整合分布式存储、共识机制、点对点通信、加密算法的互联网应用技术体系，可以实现数据记录、数据传播及数据存储管理方式的变革，推动信息互联网向价值（资产）互联网转变。而且，区块链技术本身有望成为与超文本传输协议（HTTP）同等重要的价值传输协议。

从应用推广的角度看，当前区块链已形成三种典型应用场景分类（见表1-3）。链上存证类型是指区块链成为链上存证的信任账本，主要应用于对全网数据一致性要求较高的业务，提升公共服务数字化能力，改善数字经济市场效能。链上协作类型是指区块链提供多方协作的信任机器，在去中心化的大规模多方协作业务中，发挥数据共享、数据互联互通的重要作用。链上价值转移类型是指区块链构建价值传递的智能互联信任基础设施，以资产的映射、记账、流通为主要业务特点，主要应用于价值传递，为数字化资产建立信任背书，引发技术业务协同创新，重构金融市场。

表1-3　区块链应用场景分类

类型	实体经济				公共服务		
	金融	农业	工业	医疗	政府	司法	公共资源交易
链上存证	供应链金融	农产品溯源、土地登记	工业品防伪溯源、碳核查、绿电溯源	电子病历、药品追溯	电子发票、电子证据、精准扶贫	公证、电子存证、版权确认	招投标
链上协作	证券开户信息管理	农业供应链管理	能源分布式生产、智能制造	医疗数据共享	政务数据共享	电子证据流转	工程建设管理
链上价值转移	数字票据、跨境支付	农业信贷、农业保险	能源交易、碳交易	医疗保险	—	—	—

9. 区块链具有什么优势？

区块链的优势在于具有（技术）去中心化、透明、开放、自治、不可篡改等特点。这些特点共同构成了区块链安全、稳定和可靠的基础，使其在各个领域都有着广泛的应用前景。

（1）（技术）去中心化

（技术）去中心化是区块链最基本的技术特征，意味着区块链应用不依赖于中心化的技术，可实现数据的分布式记录、存储与更新。

（2）透明

区块链系统的数据记录对全网节点是透明的，数据记录的更新操作对全网也是透明的，区块链的数据记录和运行规则可以被全网节点审查、追溯，具有很高的透明度。

（3）开放

开放是指除了与数据直接相关各方的私有信息被加密外，区块链的所有数据对所有参与节点公开（具有特殊权限要求的区块链系统除外）。

（4）自治

区块链采用基于协商一致的规范和协议，使整个系统中的所有节点能够在去信任的环境下自由、安全地交换、记录及更新数据，将对个人或机构的信任转变为对体系的信任，人为干预将不起作用。

（5）不可篡改

区块链采用了两种技术来保证数据的不可篡改：一是采用默克

尔树的方式加密交易记录，当底层数据发生改动时，必会导致默克尔树的根哈希值发生变化；二是在创建新的区块时嵌入前一区块的哈希值，区块之间形成了链接关系，若想改动之前区块的交易数据，必须将该区块之前的所有区块交易记录和哈希值进行重构，从而保证了数据不可篡改。

10. 区块链具有什么劣势？

在具有诸多优势的同时，区块链也存在一定的劣势。

（1）效率较低

区块链（技术）的去中心化特征保证了公平性，但难以兼顾效率，节点越多，达成共识的时间越长，效率越低。

（2）智能合约的合法性尚未明确

目前，对基于区块链的智能合约还无明确法律定义，对合约的"合法性"仍没有明确规范，有关各方权利、义务和责任的确定方式及对行为的追踪等，都还需深入研究。

（3）监管困难

传统互联网以提供应用的中心化服务机构作为监管对象；而公有链使用纯分布式结构，没有中心化的组织者，不存在特定机构对其负责，责任认定困难，给区块链应用的监管带来巨大挑战。

11. 区块链与传统分布式数据库有何不同？

区块链系统是分布式冗余账本数据库，与传统分布式数据库同样存在数据一致性的问题。

区块链存储与传统分布式数据库相似，所有网络节点都有数据备份，区别在于区块链共识机制针对传统分布式计算中节点发生的拜占庭错误，即如何在互不信任的分布式系统中多个节点之间公平公正地选出一个领导者，负责决定此次的交易数据。此外，区块链底层存储结构与传统键值数据库不同，采用块链式结构，结合密码学技术确保不可篡改性。

知识链接

拜占庭将军问题：拜占庭将军问题是 Leslie Lamport（2013 年图灵奖得主）为描述分布式系统一致性问题（Distributed Consensus）而抽象出来一个著名的例子。

拜占庭帝国派出了多支军队从不同的方向去围攻一座城市。将军们需要通过相互通信以共同决定进攻或撤退。然而，有些将军可能是叛徒，会发送错误或虚假的信息来误导其他将军，导致将军们做出错误的决策。在这种状态下，拜占庭将军们能否做出一致且正确的决策从而赢取战斗？

在计算机系统中，拜占庭将军问题被用来描述网络中可能存在的节点故障或恶意行为。解决这一问题需要确保在面对恶意节点时依然能够保持系统的正确性和可靠性。

拜占庭错误：也称为拜占庭容错问题，是一个描述在完全不可信的环境中，如何处理故障和恶意行为的错误模型。在拜占庭将军问题的场景中，叛徒恶意地向其他将军传递假消息，从而破坏了将军们执行的一致性，此类错误被称为拜占庭错误。拜占庭错误可以理解成故意作恶导致的错误，相对于普通的宕机错误，拜占庭错误是一种有目的的作恶行为。

因此，一般会把出现故障但不会伪造信息的情况称为"非拜占庭错误"或"故障错误"，而将伪造信息恶意响应的情况称为"拜占庭错误"（Byzantine Fault）。如果系统能处理拜占庭错误并正常运行，则称系统是拜占庭容错（Byzantine Fault Tolerance）的，简称为BFT。

12. 区块链技术应用过程中常见的法律风险有哪些？

（1）数据信息泄露的法律风险

公有链区块链系统内各节点并非完全匿名，虽然并未直接与真实世界的人物身份相关联，但区块链数据是完全公开透明的。随着各类反匿名身份甄别技术的发展，实现部分重点目标的定位和识别仍是有可能的。

（2）民事法律风险

区块链技术在物联网、金融、教育等领域的应用，虽然产生了良好的社会效果，但也引发了新的法律问题，如合同效力认定以及侵权、违约等。

（3）行政法律风险

随着区块链和由其产生的虚拟货币被大众所熟悉，很多不法分子开始利用区块链的名义从事不法行为，骗取投资者的钱财，其中被行政处罚最多的便是与虚拟货币相关的传销行为。

（4）刑事法律风险

区块链涉及的刑事犯罪主要有组织、领导传销活动罪，诈骗罪，集资诈骗罪，非法吸收公众存款罪，非法经营罪，逃汇罪，洗钱罪，掩饰隐瞒犯罪所得罪，帮助恐怖活动罪等，还可能涉及侵犯公民个人信息及计算机信息系统的相关罪名。

第2课

专业理论

1. 区块链由哪些关键技术构成？

区块链也被称为分布式账本技术，账本数据的完整性、安全性和可信性等依赖于密码学、分布式数据存储、点对点传输、共识机制等关键技术。下面以比特币底层技术体系为例进行简要描述。

哈希函数：区块链中使用的哈希函数也可以被称为密码学哈希函数，它将任意长消息变换为固定长度，并满足一定的安全特性，利用这些安全特性可将消息锁定，使其不可篡改。

默克尔树：又称哈希树，是一种将数据利用哈希函数进行组织形成的树结构，可以对数据的真实性进行快速验证。

交易：一笔交易包括交易信息和数字签名。交易信息主要包括交易发起时间、付款账号地址和收款账号地址、交易金额等。数字签名基于非对称密码，保证消息来源的真实性，如在一笔转账交易中，通过数字签名可以验证交易的完整性和可信性。交易付款人用私钥对交易进行签名，以此证明转出的是自己的资产。

2. 区块链参考技术架构是怎样的？

区块链参考技术架构包括数据层、网络层、共识层、智能合约层、应用层以及激励机制六个部分，如图 1-2 所示。

图 1-2　区块链参考技术架构

数据层主要定义区块链的数据结构，借助密码学相关技术来确保数据安全；网络层定义区块链节点组网方式、数据传播方式及信息的验证过程；共识层建立在网络层之上，主要定义了节点如何对区块链数据达成一致；智能合约层建立在共识层之上，主要定义了智能合约的编写语言和执行环境；应用层建立在智能合约层的基础上，通过服务端、前端、App 等技术对智能合约进行封装，设计用户界面；激励机制早期出现在比特币、以太坊等公有链中，用于激励矿工节点参与维护区块链。正是上述六个部分的共同作用，才使区块链具备了可审计、去中心化、可信、业务可编程等诸多特征，并逐步应用到各行各业。

3. 什么是哈希算法，它在区块链中有何作用？

哈希算法也叫数据摘要或散列算法，其原理是将一段信息映射为一个固定长度的二进制值，该二进制值称为哈希值。哈希值具有以下特点：

1）若某两段信息相同，则它们经过哈希运算得到的哈希值也相同。

2）若某两段信息不同，即使只是相差一个字符，它们产生的哈希值也会不同，且杂乱无章、毫无关联。

要找到相同哈希值的两个不同输入，在计算上是不可能的，因此哈希值可以被用以检验数据的完整性。我们可以把给定数据的哈希值理解为该数据的"指纹信息"。在本质上，哈希算法的目的不是"加密"而是抽取"数据特征"。

典型的哈希算法有 MD5、SHA1、SHA256 和 SM3 等。哈希算法特点对比见表 1-4。

表 1-4　哈希算法特点对比

加密算法	安全性	运算速度	输出大小（位）
MD5	低	快	128
SHA1	中	中	160

加密算法	安全性	运算速度	输出大小（位）
SHA256	高	比 SHA1 略慢	256
SM3	高	比 SHA1 略慢	256

在区块链中，哈希算法起到了至关重要的作用。区块链的每一个区块都包含了前一个区块的哈希值，形成了一条链的结构，保证了区块链的不可篡改性和数据的连续性。任何试图更改区块数据的行为都会导致哈希值的改变，进而影响到整个区块链，这种机制有效地保障了区块链数据的安全性和完整性。

4. 什么是默克尔树，它在区块链中有何作用？

默克尔树（Merkle Tree）是区块链的基本组成部分之一，以其发明者拉尔夫·默克尔（Ralph Merkle）的名字命名，它是哈希大量聚集数据块的一种方式。默克尔树如图 1-3 所示。

假设我们有很多包含数据的块（$D_0 \sim D_4$），而这些块构成树的叶子。如图 1-3 所示，我们取这些数据块的哈希值，再将其分组，为每一组建立一个包含每个块哈希指针的新的数据结构，直到我们得到一个单一的哈希指针，即根哈希（Root Hash）。在这样的机制下，可以从根哈希指针回溯到任意数据块，从而能保证数据未经篡改。一旦攻击者篡改了树底部的一些数据块，就会导致上一层的哈希指针不匹配，从而使任何篡改行为都会被检测到。

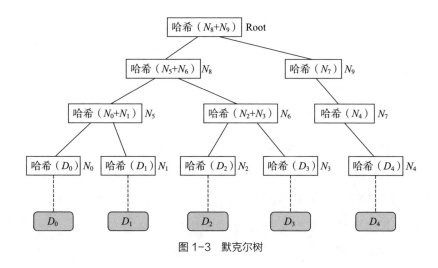

图 1-3　默克尔树

5. 什么是非对称加密算法，它在区块链中有何作用？

非对称加密算法是区块链基础技术之一。在区块链中使用非对称加密的公开密钥和私有密钥来构建节点间信任。非对称加密算法由对应的一对唯一密钥，即公开密钥和私有密钥组成，公开密钥和私有密钥是成对的。如果使用公开密钥对数据进行加密，则只有用对应的私有密钥才能解密。由于加密和解密使用的是不同的密钥，所以这种加密算法被称为非对称加密算法。公开密钥可公开发布，用于发送方加密要发送的信息，私有密钥用于接收方解密接收到的加密内容。

任何获悉用户公开密钥的人都可对信息进行加密，与用户实现安全信息交互。由于公开密钥与私有密钥之间存在依存关系，只有持有私有密钥的用户本身才能解密该信息，任何未经授权的用户甚至信息的发送者都无法将此信息解密。非对称加密算法原理如

图 1-4 所示。

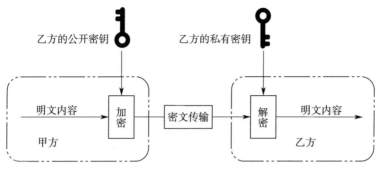

图 1-4　非对称加密算法原理

常见的非对称加密算法主要有 RSA、ECC、SM2 等，其特点对比见表 1-5。

表 1-5　非对称加密算法特点对比

加密算法	成熟度	安全性	运算速度	资源消耗
RSA	高	低	慢	高
ECC	高	高	中	中
SM2	高	高	中	中

非对称加密算法的应用在区块链技术中尤为重要。一方面，在交易过程中使用非对称加密算法，对用户的交易信息进行加密发送，这不仅保证了交易的安全性，还保障了用户的匿名性和隐私。另一方面，非对称加密算法还支撑着数字签名的实现。用户对交易信息进行签名，而接收方或验证方则可以通过验证签名的真实性，确保信息未被篡改并确认发送方的身份。

6. 什么是数字签名，它在区块链中有何作用？

数字签名，是信息系统中十分重要的一项技术，也是非对称密码学最常见的应用。假设发送者 Alice 想要发送消息给接收者 Bob，而收到消息的 Bob 需要确认该消息确实由 Alice 发出。为了达到这个目的，Alice 使用安全的哈希函数来产生该消息的哈希值。该哈希值与 Alice 的私有密钥一起输入，经过算法的输出就是数字签名。Alice 把数字签名附在消息的后面发送给 Bob，这个签名相当于 Alice 的亲笔签名，为消息添加了一层难以伪造的保障。

当 Bob 收到消息以及签名后，首先计算消息自身的哈希值，然后使用数字签名验证算法，输入哈希值以及 Alice 的公开密钥。如果算法返回结果表明签名是合法的，则可以确认该消息是 Alice 发出的。由于其他人都没有 Alice 的私有密钥，也就意味着其他人都不可能冒充 Alice 伪造消息。数字签名原理如图 1-5 所示。

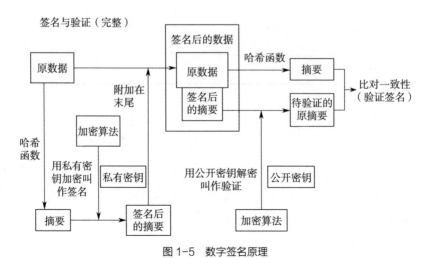

图 1-5　数字签名原理

在区块链中，每一笔交易都需要有一方或者多方进行数字签名，这使得交易无法被伪造，发起的交易也不能被否认，这保证了区块链上数据的不可否认性，用户可以放心地在区块链上流通数据和价值。

7. 什么是点对点对等（P2P）网络，它在区块链中有何作用？

区块链系统的节点可自由加入组织，具备自治性，大多系统采用点对点对等（P2P）网络进行数据传播。P2P 网络中的每个节点均会承担网络路由、区块数据验证与传播、新节点发现等功能。

传统的客户—服务器（C/S）网络模式，是垂直划分的分层体系结构，由一个中心化的服务器来接收客户端的请求，虽然管理便捷，但是存在可扩展性和容错性较差的缺点。P2P 网络采用对称的水平分布，所有节点平等，数据可互相传输，存储量、带宽资源利用率都较高。C/S 中心化网络与 P2P 组网结构如图 1-6 所示。

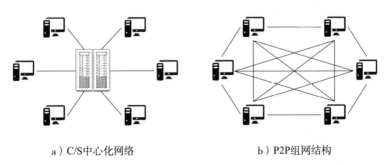

a）C/S中心化网络   b）P2P组网结构

图 1-6 C/S 中心化网络与 P2P 组网结构

P2P 网络去中心化的特性，使其具有可扩展性、健壮性等优点，与区块链系统的需求相契合，系统的整体资源和服务能力也同步扩展。在 P2P 网络中，每一个节点都能对外提供全网所需的全部服务，任何一个节点崩溃都不会对整个网络的稳定性构成威胁，在部分节点失效或离开时，也能自动调整其拓扑结构。

8. 什么是共识算法，它在区块链中有何作用？

共识算法是指在分布式系统中，为了使各个节点对某个数据或状态达成一致认可，而采用的一种机制和算法。在区块链中，共识算法的作用至关重要，可确保所有节点对区块链状态和交易的验证达成共识。共识算法在区块链中的作用如下：

（1）确保数据一致性

在区块链网络中，每个节点都有自己的数据副本。共识算法能够确保所有节点对区块链的数据状态保持一致，避免了因网络延迟、节点故障等问题导致的数据不一致。

（2）验证交易有效性

通过共识算法，节点可以对交易进行验证，确认其是否有效。这样可以避免同一份资产被重复使用或同时用于多个交易，确保了交易的有效性和唯一性。

（3）防止双花问题

双花问题是指同一笔资产在区块链中被多次使用的情况。共识算法能够防止这种情况的发生，确保区块链中的交易安全可靠。

（4）驱动节点参与

共识算法通过一定的激励机制，驱动节点参与区块链的共识过程。这有助于提高区块链的安全性和稳定性。

（5）维护系统稳定性

共识算法能够解决分布式系统中的一些重要问题，如拜占庭将军问题等，从而维护系统的稳定性。

9. 什么是智能合约，它在区块链中有何作用？

智能合约（Smart Contract）是区块链 2.0 的核心技术，它是区块链从虚拟货币、金融交易协议扩展到通用工具的关键支撑技术之一。

合约是指两方面或多方面在办理某事时，为了确定各自的权利和义务而订立的共同遵守的条文。在现实生活中，很难保证合约能够在不受外界干扰的条件下自动执行，为解决这一问题，智能合约应运而生。

从信息技术的角度讲，智能合约是指各参与方（共同）执行的计算机协议。而计算机协议是一组定义各参与方如何根据智能合约处理相关数据的算法。从本质上讲，智能合约就是一组计算机程序。在智能合约的世界里，合约的条款可以全部或者部分自动执行，避免外界因素的干扰，即当一个预先设定的条件被触发时，智能合约可自动执行相应的合同条款。这为合约的谈判带来了便利，并强有力地保证了合约的履行。

第3课

技术应用与发展

1. 区块链怎样与人工智能技术融合发展？

近年来，人工智能取得了令人瞩目的成果，这背后离不开海量数据收集与学习的强大支持。区块链与人工智能两大技术的融合发展，为我们带来新的机遇。

区块链技术的引入，对人工智能的发展起到了积极的推动作用。其中最显著的是，区块链去中心化的特性鼓励支持数据共享，打破数据孤岛的限制，为人工智能提供更多、更全面经过授权使用的数据资源。同时，区块链具有的不可篡改性和可审计跟踪记录的特性，为人工智能提供了更加安全、可靠的数据环境，减小了数据被篡改或污染的风险。

此外，数字资产和价值交换也是区块链为人工智能带来的新机遇。通过区块链技术，我们可以将数据、模型等资产进行确权、交易和管理，从而实现数据的价值化。这不仅有助于激励数据提供者分享自己的数据，同时也能为人工智能的发展提供更加丰富多样的数据资源。

2. 区块链怎样与物联网技术融合发展?

区块链与物联网的结合可以实现物理—数字世界可信链接,保障链上链下数据的一致性。

(1)物联网设备可有效提升上链数据真实性

利用物联网终端设备安全可信执行环境,可以实现物联网设备的可信上链,从而解决物联网终端身份确认与数据确权的问题,保证链上数据与应用场景深度绑定。

(2)区块链为数据要素流转和价值挖掘提供可信保障

区块链记录的准确性和不可篡改性使隐私数据变得有据可循,而且在安全方面更易于防御和处理,可推动数据市场交易规范化,助力物联网由数据采集走向场景应用的深度融合。

(3)区块链促进物联网应用拓展

区块链提供的安全性和透明度为解决当前物联网面临的问题提供了新的思路。区块链将加速物联网应用拓展,丰富"区块链 + 物联网"智能应用场景,并为服务商和消费者带来新的机遇,加速行业融合创新。

3. 区块链怎样与大数据技术融合发展?

区块链注重的是账本的完整性,数据统计分析的能力较弱,而大数据技术具备海量数据存储和灵活高效的分析能力，能极大提升区块链数据的价值和使用空间。

区块链与大数据技术进行融合，将在数据处理过程中迸发出以下三方面全新优势：

（1）高效

仅需将各个行业的核心数据和关键数据上链保存，形成一个全局的索引，便能够更高效地处理和分析区块链中的数据，更快地找到关键信息，让数据的使用更加便捷。

（2）自动化

不管是跨链通信还是链内部的数据交互，都可以自动屏蔽无用信息，使数据变得更加有价值。这种自动化的处理方式，不仅提高了数据处理的速度和效率，还降低了人为干预的风险。

（3）价值

区块链依赖的密码学技术确保每个人都可以掌握自己数据的所有权。数据通过多重签名的方式在区块链上存储，每个人都可以自主决定是否共享、共享给谁及共享的回报等问题。

4. 区块链怎样与隐私计算技术融合发展？

区块链与隐私计算技术融合，可确保数据流通全过程隐私安全，为实现数据价值共享提供新技术路径。

区块链增信多方协作，隐私计算技术实现数据可用不可见，二者相辅相成，保障数据共享全流程可验证、可追溯、可审计，有效防止数据泄露。这种融合被应用于数据生成合法性验证、数据处理存证和共识、数据使用授权、数据流转、数据协作，以及数据监管审计等环节。这样一来，数据的所有者、需求者和监管者都可以放心地参与数据的共享和协作，实现数据的价值最大化。

区块链与隐私计算技术的结合解决了多方协作中的信任和隐私问题，已经成为各行业数据流通的标配。未来的发展方向：基于区块链的隐私计算平台，以及在区块链系统中增加隐私计算功能。这将改变集中的数据管理模式，推动数据流通向分布式、多层次和市场化的方向发展。

5. 区块链怎样与云计算技术融合发展？

区块链与云计算技术结合已成必然，多组件集成助力打造数据信任基础设施。

区块链即服务（Blockchain as a Service，BaaS）以云计算为基础，通过融合区块链底层、集成开发工具、智能合约管理、自动化运维、数字身份、跨链服务等功能，实现区块链底层与应用一站式开发与部署。

BaaS 平台一方面可显著降低企业开发与使用区块链技术的成本，加快区块链应用的建设速度；另一方面与区块链联盟化运营模式高度契合，有利于形成产业数字化可信协作平台。区块链与云计算技术的结合，也将带动其他技术的融合发展，进一步推动 BaaS 演进成为数据信任基础设施。

6. 区块链如何赋能数据要素流通?

区块链技术以其去中心化、安全可信和不可篡改的特点,通过建立分布式共识机制,确保数据的安全性和可信度,实现了数据的透明性、可追溯性和去中心化控制。这使得区块链技术成为探索数据管理和流通方面新路径的关键工具。

区块链技术可以确保数据的透明性、安全性和可追溯性,有效共享与高效流通数据要素,进一步推动以数据要素为基础的数字经济快速发展。通过分布式存储,去除中心化共享的弊端,促进更加透明和公平的数据共享。隐私保护机制有效解决数据共享中存在的隐私泄露和滥用问题,提高信任度。通过智能合约进行编程并操作数据要素,可以实现交互和共享的自动化,还能规定访问权限、数据使用条件和奖励机制等,提高流通的效率和准确性。不可篡改性使得数据要素的来源和完整历史记录可以被追溯。共识机制达成对数据交换的一致认可,建立起信任关系,促进数据要素的流通和交换。

7. 区块链如何赋能元宇宙发展?

元宇宙是以区块链为核心技术的第三代互联网数字新生态。区块链技术的特点,保障了元宇宙中的数据和资产的权益,形成新的面向数据的技术体系,来支持元宇宙在工业、商业、社交等领域的运行,还能有效保障生成内容登记确权,促进更丰富的数字内容持续创新,支撑元宇宙生态持续迭代发展。同时,基于区块链技术打造的分布式协作体系，通过智能合约、共识机制构建出分工明确、自组织有序、行为公开的共识逻辑；通过应用场景、群体协作要素构建多设备交互、多领域交叉、多主体互动的应用模式，促进形成元宇宙自组织的生态，扩大元宇宙生态的影响力和规模。

以区块链为核心的数字科技可以推动信息技术服务发展，从而促进数字产业化，以区块链为核心的第三代互联网技术体系推动形成的元宇宙数字生态，将有力推动数字产业化和产业数字化，为数字经济高质量发展打造新引擎。

8. 区块链如何赋能"新基建"？

让我们来了解一下什么是"新基建"。"新基建"就是以新发展理念为引领，以技术创新为驱动，以信息网络为基础，面向高质量发展需要，提供数字转型、智能升级、融合创新等服务的新型基础设施体系。它包括信息基础设施、融合基础设施和创新基础设施等多个层面，如 5G、物联网、人工智能、数据中心等，都是"新基建"的重要内容。

2020 年 4 月 20 日，国家发展改革委将区块链技术纳入信息基础设施的新技术基础设施。区块链推动数字经济下的数据要素流通，可以解决数据确权和共治问题，同时提升"新基建"网络安全，保护边缘设备身份，提高数据保密性，缓解分布式阻断服务攻击。区块链与其他技术融合创新，可以推动产业数字化，促进"新基建"下新型价值体系形成；推动资产数字化，有助于打造社会治理新模式，提升数字化政府建设的数据安全共享共治，提高数字化治理水平。区块链"新基建"形态如图 1-7 所示。

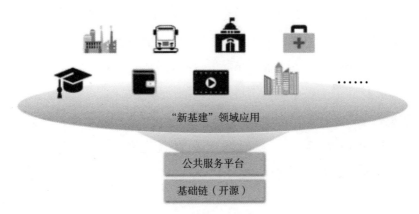

图 1-7　区块链"新基建"形态

随着区块链技术应用在各个领域的不断探索，目前业界培育出两种区块链"新基建"的服务形态，分别是基础链与公共服务平台。基础链提供区块链底层技术，由企业或组织发起，通过开源项目运营。公共服务平台由企业或组织建设并提供技术支撑，解决应用开发高成本问题，将技术嵌入云平台，充分利用云服务，以互联网形式为开发厂商提供公共区块链资源环境。

数字职业篇

数字职业篇包括数字职业与国家战略、数字职业与高质量就业、数字职业与数字人才培养三个部分。数字职业与国家战略部分回顾了区块链技术上升为国家战略信息技术的发展历程，介绍了区块链数字职业的两个类别。数字职业与高质量就业部分介绍了职业背景与区块链产业人才供给与需求，分析了区块链人才发展趋势。数字职业与数字人才培养部分介绍了高等教育区块链专业开设情况和区块链技术创新行动计划，以及区块链专业技术等级评价与数字技术工程师培育项目。从学习方法、专业能力发展方法、进阶方法等方面，分别讨论了初级、中级和高级区块链工程技术人员的可持续发展路径。通过具体案例，解释了不同等级专业技术人员在区块链应用系统开发生命周期中的工作内容。

数字职业与国家战略

1. 区块链技术上升为国家战略信息技术

技术革命的过程与科学革命的过程相似，是新的技术与经济范式创立和扩散传播的过程，是一种非线性过程。第五次技术革命，即信息与通信技术革命，始于 1990 年前后，以 50 年为波长，应该到 2040 年前后结束，2015 年左右为中点。这个过程的前半段是主导技术群和新兴产业的爆发、成长阶段，后半段则是其成熟、扩散阶段。据此，我们已经进入这轮技术革命的后半段。

区块链技术上升为国家战略信息技术，经历了以下阶段：

2016 年 12 月，我国《"十三五"国家信息化规划》中将区块链作为一项重点前沿技术提出，要求加强区块链等新技术的创新、试验和应用，以实现抢占新一代信息技术主导权。

2019 年 10 月，习近平总书记在第十九届中央政治局第十八次集体学习中，针对区块链技术的发展现状和趋势强调指出：区块链技术的集成应用在新的技术革新和产业变革中起着重要作用。我们要把区块链作为核心技术自主创新的重要突破口，明确主攻方向，加大投入力度，着力攻克一批关键核心技术，加快推动区块链技术和产业创新发展。要强化基础研究，提升原始创新能力，努力让我国在区块链这个新兴领域走在理论最前沿、占据创新制高点、取得产业新优势。

2020 年 4 月，国家发展改革委首次明确了新型基础设施的概念和范围。新型基础设施是以新发展理念为引领，以技术创新为驱动，以信息网络为基础，面向高质量发展需要，提供数字转型、智能升级、融合创新等服务的基础设施体系。区块链作为信息基础设施的代表，被明确纳入新型基础设施范畴内。

2021 年 3 月，《中华人民共和国国民经济和社会发展第十四个五年规划和 2035 年远景目标纲要》（以下简称"十四五规划"）将区块链列为新兴数字产业之一，提出推动智能合约、共识算法、加密算法、分布式系统等区块链技术创新，以联盟链为重点，发展区块链服务平台和金融科技、供应链管理、政务服务等领域应用方案，完善监管机制等要求。

2021 年 6 月，工业和信息化部、中央网信办印发《关于加快推动区块链技术应用和产业发展的指导意见》，明确到 2025 年，区块链产业综合实力达到世界先进水平，产业初具规模。到 2030 年，区块链产业综合实力持续提升，产业规模进一步壮大。

2021 年 10 月，中央网信办、中央宣传部、国务院办公厅等 17 个部门组织开展国家区块链创新应用试点行动，印发《关于组织申报区块链创新应用试点的通知》，明确到 2023 年年底，要形成一批可复制、可推广的区块链创新应用典型案例和做法经验，进一步发挥区块链在促进数据共享、优化业务流程、降低运营成本、提升协同效率、建设可信体系等方面的作用，有助于网络强国、数字中国建设。经组织评审，2022年1月确定了15个综合性和164个特色领域国家区块链创新应用试点单位（地区）。

2022年6月，国家发展改革委等九部门印发的《"十四五"可再生能源发展规划》提出，要推动可再生能源与区块链等新兴技术深度融合。

2. 区块链数字职业

2020年6月，人力资源和社会保障部会同市场监管总局、国家统计局发布区块链工程技术人员等16个新职业信息，从事区块链专业相关工作的工程技术人员有了正式的职业名称。"区块链工程技术人员"新职业的正式发布，是从国家层面对区块链技术人员职业的肯定，为行业人才的培养与选用明确了方向；有助于行业人才的系统性和可持续发展；是落实国家大力发展国家信息战略技术有关部署、推进技术技能人才建设的重要举措。

2021年10月，人力资源和社会保障部办公厅印发《专业技术人才知识更新工程数字技术工程师培育项目实施办法》，明确提出2021年至2030年，围绕人工智能、物联网、大数据、云计算、智能制造、工业互联网、虚拟现实、区块链、集成电路等数字技术技能领域，每年培养培训数字技术技能人员8万人左右，培育壮大高水平数字技术工程师队伍。

2022年9月颁布的《中华人民共和国职业分类大典（2022年版）》首次增加"数字职业"标识（标识为S），共标识数字职业97个。在人力资源和社会保障部网站《关于发布区块链工程技术人员等职业信息的通知》中，明确了区块链工程技术人员、区块链应用操作员的具体定义和主要工作任务，遵循"以职业活动为导向、以专业能力为核心"的指导原则，描述了职业功能、工作内容以及相应的专业能力和相关知识要求，对教育培训起导向作用，也为单位用人和评价考核提供了依据。

（1）区块链工程技术人员

区块链工程技术人员，职业编码为2-02-10-15，是指从事区块链架构设计、底层技术、系统应用、系统测试、系统部署、运行维护的工程技术人员。主要工作任务：①分析研究分布式账本、隐私保护机制、密码学算法、共识机制、智能合约等技术；②设计区块链平台架构，编写区块链技术报告；③设计开发区块链系统应用底层技术方案；④设计开发区块链性能评测指标及工具；⑤处理区块链系统应用过程中的部署、调试、运行管理等问题；⑥提供区块链技术咨询及服务。

职业功能关键词包括：开发应用系统、测试系统、运行维护系统、设计区块链应用系统、研发关键技术、提供技术咨询服务，以及培训与指导。

2021年2月3日，人力资源和社会保障部、工业和信息化部共同颁布《区块链工程技术人员国家职业技术技能标准》（以下简称《标准》)。根据职业属性和工作要求，将区块链工程技术人员分为初级、中级、高级 3 个等级，并相应对知识、能力和实践要求做出了综合性规定，作为开展继续教育和能力评价的基本依据。初级区块链工程技术人员从事开发应用系统、测试系统和运行维护系统等工作。中级区块链工程技术人员从事设计应用系统、开发应用系统、测试系统、运行维护系统，以及培训与指导等工作。高级区块链工程技术人员从事设计应用系统、测试系统、研发关键技术、提供技术咨询服务，以及培训与指导等工作。《标准》规定区块链工程技术人员的普通受教育程度为大学专科学历（或高等职业学校毕业）。

区块链工程技术人员属于专业技术型人才，除了研发区块链关键技术，还需要从行业问题出发，结合区块链技术原理、行业运行机制和业务流程模式，灵活应用区块链技术解决行业问题，充分推动区块链应用场景落地，赋能产业发展。

（2）区块链应用操作员

区块链应用操作员，职业编码为 4-04-05-06，是指运用区块链技术及工具，从事政务、金融、医疗、教育、养老等场景系统应用操作的人员。主要工作任务：①分析研究在区块链应用场景下的用户需求；②设计系统应用的方案、流程、模型等；③运用相关应用开发框架协助完成系统开发；④测试系统的功能、安全、稳定性等；⑤操作区块链服务平台上的系统应用；⑥从事系统应用的监控、运维工作；⑦收集、汇总系统应用操作中的问题。

职业功能关键词包括：区块链应用设计、区块链系统应用操作、区块链测试、区块链系统运维，以及培训与指导。

2021年5月，人力资源和社会保障部办公厅联合工业和信息化部办公厅发布了《区块链应用操作员国家职业技能标准》（以下简称《技能标准》）。《技能标准》描述了区块链应用操作员的职业活动内容，明确规定了对各等级从业者技能水平和理论知识水平的要求。依据有关规定，区块链应用操作员分为四级／中级工、三级／高级工、二级／技师和一级／高级技师四个等级。区块链应用操作员的普通受教育程度为高中毕业（或同等学力）。

区块链应用操作员属于技能型人才，是技术与产业的桥梁。区块链应用操作员的工作任务是从应用区块链技术的角度，分析产业需求，测试、操作和维护区块链应用系统，保障区块链应用系统的正常运行。

数字职业与高质量就业

1. 职业背景

区块链属于典型的跨领域、多学科交叉的新兴技术。区块链系统由数据层、网络层、共识层、合约层、应用层及激励机制组成，涉及复杂网络、分布式数据管理、高性能计算、密码算法、共识机制、智能合约等众多自然科学技术领域，以及经济学、管理学、社会学、法学等众多社会科学领域的集成创新。区块链由 P2P 组网结构、链式账本结构、密码算法、共识算法和智能合约 5 个基本要素组成，通过集成创新，实现了数据不可篡改、数据集体维护、多中心决策等，可以构建出公开、透明、可追溯、不可篡改的价值信任传递链，从而为金融服务、产业升级、社会治理等方面的创新提供可能。

从专业角度来说，区块链融合了计算机的多种技术，是使用多中心化共识维护的一个完整、分布式、不可篡改的账本数据库技术，通过对数据的有序记录，增加信任，降低交易成本，提升群体协作，具有去中介、防丢失、防篡改、易追溯的技术特点。区块链所具有的透明与隐私兼备、开放与可信兼备、自治与可靠并存等特性，有助于提供人与人、机构与机构、机器与机器之间的自组织协同，在价值传递中起到了非常重要的作用。

区块链不但是技术上的重大集成创新，而且是一种思维模式的创新。区块链使数据变成一种由市场动态配置、各方协同合作、价值合理体现的新资源，引发产业生态的优化重构。从技术角度看，区块链包含了多种技术手段，是未来数字基础设施的重要组成部分。从业务视角看，区块链将会优化多机构间交互流程和接口、保证数据真实性和系统鲁棒性。从社会视角看，区块链将有力提高社会治理的数字化、智能化、精细化、法治化水平，重塑社会信任体系。

因此，运用区块链相关技术解决领域问题的工程技术人员以及区块链相关从业人员，致力于将价值传递变为现实，可从事金融服务、产业升级和社会治理创新工作，也可以从事搭建数字基础设施的工作。

🔷 知识链接

系统鲁棒性：鲁棒是英文单词 Robust 的音译，也就是健壮和强壮的意思。因此，系统鲁棒性是指系统在面临各种不确定因素、干扰或者故障时，依然能够保持其正常功能和性能的能力。在实际生活中，无论是计算机软件、控制系统还是其他各种系统，都需要具备一定的鲁棒性，才能确保在各种复杂环境下稳定运行。

2. 区块链人才供给与需求

随着区块链技术的发展，越来越多的企业从事区块链技术的研发和应用业务。我国区块链注册企业（含经营范围）数量持续增加，2015 年仅有 2 156 家，2018 年达到 24 279 家。根据《2020年中国区块链人才发展研究报告》，截至 2019 年年底，中国市场区块链相关企业总量为 36 224 家。根据中国移动通信联合会 2023年 3 月发布的《中国区块链产业人才需求与教育发展报告》，我国区块链相关企业已超过 4.8 万家，全国区块链相关人才年需求量为48 万。

从区域分布来看，珠三角、长三角为主要分布区域。以广东为代表的珠三角地区，总占比达 57%；以浙江、安徽、江苏等为主的长三角地区，总占比达 12%；陕、湘、渝地区紧随其后。企业提供的典型区块链包括长安链、蚂蚁链、百度超级链、腾讯区块链、京东区块链、华为区块链和梧桐链等。

（1）区块链人才岗位

2018 年 11 月，中国电子学会在 2018 年国际区块链大会上发布了《区块链技术人才培养标准》（简称《培养标准》），是我国首个关于区块链人才培养的团体标准。《培养标准》提出了区块链技术人才岗位群分布整理和学科培养内容体系建议，为全国范围的区块链人才培养和能力测试做出了纲领性的指引。《培养标准》针对区块链人才培养应该秉承的指导思想和涉及的专业领域展开，着重探讨了区块链技术人才的岗位分布群和相应的学科培养内容，初步提出了区块链能力测试考纲，标志着我国区块链技术人才培养走向标准化、规范化。区块链技术人才岗位除分布在进行区块链关键技术研究的高等院校、科研院所外，多数集中在承担区块链底层链开发、基础技术研究和区块链应用推广的企业中。在《培养标准》中，将区块链行业技术人才岗位列举为底层开发、应用开发、测试和技术支持四个组成部分。区块链行业技术人才岗位分布如图2-1所示。

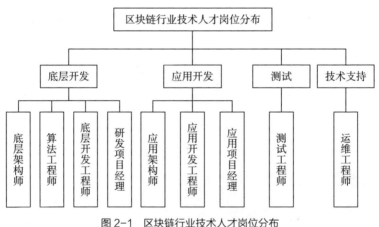

图2-1 区块链行业技术人才岗位分布

区块链底层开发人才应能够完成区块链底层技术的研发、设计和创新。区块链应用开发人才需要深刻理解区块链技术及适宜的应用场景，能够完成区块链与传统行业相结合的应用设计与开发，提升传统行业的效率。区块链测试人才应对区块链技术有一定的了解，具有区块链性能评测指标的基本知识，能够协助底层开发和应用开发人员进行区块链性能指标的测试。区块链技术支持人才主要集中在区块链应用企业，可以解决区块链应用中的部署、调试、运行管理等问题，确保区块链系统能够持续稳定地运行。

根据企业现实情况和招聘网站信息，目前区块链相关工作岗位包括区块链核心研发岗、区块链实用技术岗、区块链行业应用岗三大类。区块链核心研发岗主要包括核心开发类和架构类岗位。区块链实用技术岗主要包括应用开发类、测试类和运维类岗位。区块链行业应用岗主要包括产品类、项目管理类和运营类等岗位。区块链相关热门岗位包括区块链首席技术官、区块链开发工程师、区块链产品经理和区块链专家等。

随着行业发展逐步走向成熟，现阶段的区块链行业更注重底层技术设施的搭建和技术在行业的应用，促使企业对技术人才以及技术型管理人才需求旺盛。根据猎聘发布的《2019 年中国区块链行业人才供需研究报告》，区块链技术岗位人才最多，占比达 65.7%。其次是产品、运营和项目管理人才，占比分别为 4.7%、4.5% 和 4.4%。另外，区块链行业研究和媒体记者人才，占比也分别达到了 3.6% 和 1.5%。在区块链人才分布前 5 名的岗位中（见图 2-2），软件工程师占比最高，包括高级软件工程师在内，占比合计达到了 51.3%，其次是架构师、产品经理和项目经理。

根据领英发布的《2022 全球区块链领域人才报告　Web3.0 方向》，从全球区块链领域人才构成上分析，金融类、研发类、业务开发类、信息技术类、销售类人才为占比较高的五大类型。如图 2-3 所示，金融类人才最为热门，人数占比最高，为 19%；研发类人才占比为 16%，而业务开发、信息技术和销售类人才占比接

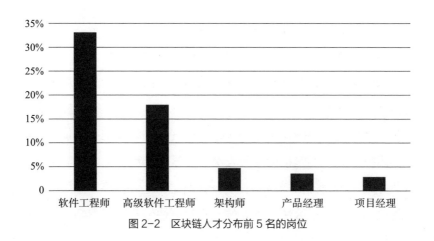

图 2-2　区块链人才分布前 5 名的岗位

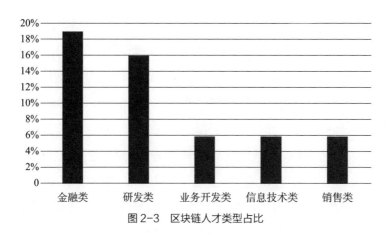

图 2-3　区块链人才类型占比

近，均为 6% 左右。具体而言，最热门的细分职业分别为软件工程师、分析师、支持分析师及客户经理。目前全球对于技术性区块链人才的需求高、缺口大。截至 2022 年 6 月，研发类人才位居全球区块链人才需求之首，其次是信息技术类人才，产品管理、市场营销和人力资源类人才紧随其后。从招聘需求的角度看，目前位居区块链人才数量首位的金融类人才仅位列第六。

根据研究数据可以看出，区块链人才需求表现为，企业和政府对区块链人才需求旺盛，但市场存在严重的供需错位情况，区块链人才主要靠周边行业流入，存在数量不足和素质良莠不齐的问题。

（2）区块链人才供求情况

由于发展时间较短，区块链行业存量市场人才主要来源于传统互联网和金融行业。从行业分布来看，互联网、游戏和软件开发是区块链人才主要来源。

由于区块链技术的变革，对人才学习能力和健康状况等综合素质的要求较高，区块链人才呈现年轻化态势。根据工业和信息化部人才交流中心发布的《区块链产业人才发展报告（2020年版）》，拥有5~8年工作经验的人才数量最多，占比为26.75%；其次是拥有3~5年和10~15年工作经验的人才，占比分别为20.89%和20.57%。区块链产业人才工作年限分布如图2-4所示。区块链产业人才总体虽然年轻，但行业知识较为丰富、实践经验相对充足，他们将是推动我国区块链行业发展的稳定力量。近9成区块链产业人才为本科及以上学历的高层次人才，其中本科学历人才占比近70%，研究生以上学历人才占比不足30%，且博士占比低于1%，说明当前区块链产业人才以实用技术开发和行业应用探索为主，具备基础理论研究和核心技术攻关能力的人才较少。

从区块链产业人才专业背景来看，呈现以计算机、信息通信技术、商科专业为主，其他专业为辅的分布状态。计算机科学与技术

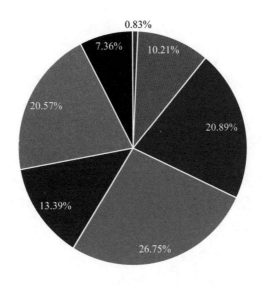

0.83%

7.36%   10.21%

20.57%   20.89%

13.39%

26.75%

■1年以下 ■1～3年 ■3～5年 ■5～8年 ■8～10年 ■10～15年 ■15年以上

图2-4　区块链产业人才工作年限分布

专业人才占比为 10.47%，排名首位，其次占比较高的分别是软件工程、工商管理、会计学。专业分布情况反映以区块链技术为基础，逐渐与金融等行业融合发展的态势，同时也说明区块链产业需要的不仅是精通技术的专业人员，还需要从业人员具备多学科的专业背景，能对应用行业及场景有深入的认识。

从人才供给在各大行业的分布来看，互联网位居第一，占比为74.02%；第二名是金融，占比为 10.26%；电子通信以 7.13% 的占比排名第三。其他行业的占比均小于 3%。从人才岗位看，行业应用类人才供需基本平衡，核心研发类人才供不应求。如图 2-5 所示，区块链产业人才供给岗位占比位列前四的是运营经理、产品经理、后端开发和 Java 开发，占比分别为 6.05%、5.95%、4.84% 和 2.66%。

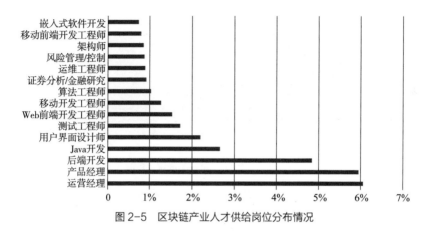

图 2-5 区块链产业人才供给岗位分布情况

从产业人才需求岗位分布来看，位列前四的仍是运营经理、产品经理、后端开发和 Java 开发，占比依次为 6.29%、6.27%、5.13% 和 3.42%。区块链产业人才需求岗位分布情况如图 2-6 所示。由此可见，区块链产业对产品经理、运营经理此类岗位人才的供给和需求都较大，且供需两端匹配，差异较小。而算法工程师、架构师等核心研发岗位人才在供给与需求上有一定差异，未完全匹配。

从人才地区分布来看，东部城市人才供给相对充足，中西部城市人才缺口大。在区块链产业发展比较成熟的区域，如北京、上海、深圳、广州、杭州，区块链人才供给较为充足，五个城市的占比总和为 79.89%，其中北京以 45.85% 的占比遥遥领先；而对于区块链产业处于起步阶段的中西部城市，如武汉、重庆、成都、长沙、西安，则急需引进和培养人才。

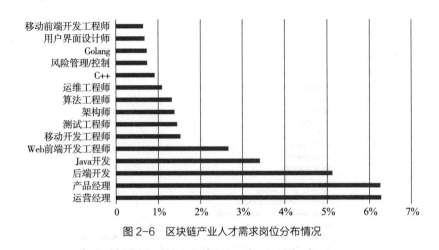

图 2-6 区块链产业人才需求岗位分布情况

根据《中国区块链产业人才需求与教育发展报告》(2023年),产业界的区块链人才大多是通过计算机软件行业、金融科技行业和政务类企业流入,总占比超过40%;其他如教育、医疗等行业的流入占比超过了20%。区块链产业人才的专业背景普遍以计算机类专业和金融财税类专业为主。据全国高校人工智能与大数据创新联盟区块链专业委员会统计,2016—2019年全国已有33所高校开设区块链课程及相关专业。2020年,"区块链工程"正式作为本科开设的课程首次进入大学,各类在线教育机构也开发了区块链的相关课程,为社会化人才培养提供了资源。

根据赛迪区块链研究院发布的《2022—2023中国区块链年度发展报告》,以高校为主的区块链团队实力不断增强为行业输出了人才,企业研发团队人才层次较高,人才规模也在不断扩大。赛迪区块链研究院统计的《2022年区块链技术创新典型企业名录》相关资料显示,典型区块链企业研发团队人数在100人以上的企业占比达到 15%；人数为 50~100 人的占比为 18%；人数为 10~20 人的占比为 23%；人数在 20~50 人的企业数量最多，占比为 32%，人数在 10 人以下的企业数量最少，占比为 12%。区块链企业研发人数占比如图 2-7 所示。另外，从企业发布的专利软著数量来看，企业的整体研发和创新能力大幅提升，发布专利数量在 10~100 项的企业占比最大，约为 64%；100 项以上和 10 项以下的企业占比分别为 19% 和 17%。

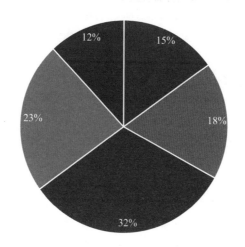

■100人以上 ■50~100人 ■20~50人 ■10~20人 ■10人以下

图 2-7 区块链企业研发人数占比

我国区块链人才供给同比增速相对较低，仅为 12%，而需求同比增速高达 60%，人才供给增速远低于人才需求增速。全球区块链人才增速如图 2-8 所示。

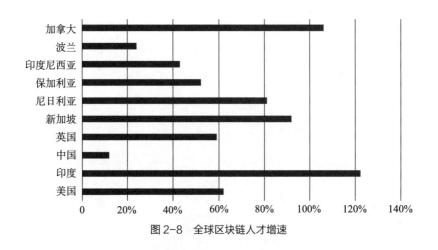

图2-8　全球区块链人才增速

3. 区块链人才发展趋势

供需矛盾突出是区块链人才发展存在的挑战，迄今为止这个问题依然存在。区块链作为新兴技术领域，人才供需不平衡现象突出，具体表现在三方面：一是人才数量供需不平衡。区块链在我国处于发展阶段，行业积累的符合技术发展需求的人才存量较少，绝大多数区块链存量人才都是从互联网、软件、信息技术服务等行业中转岗进入的，院校及社会培训机构培养人才数量较少。随着国家对区块链技术的重视，对区块链领域人才的需求不断增长，现有人才数量难以满足当前市场需求，人才缺口问题将会进一步显现。二是岗位供需不平衡。从整体来看，我国区块链核心技术岗位对人才能力及素质要求较高，区块链架构工程师、算法工程师等相关高端技术岗位人才，以及既懂区块链又有行业经验的复合型人才较少。三是人才技能供需不匹配。区块链领域新兴化、生态化的发展趋势对人才的知识与技能提出了更高水平的要求，尤其是要求区块链人才具备融合技术、产品与行业应用的协同能力，但当前区块链人才入行时间普遍较短，难以完全满足当前的市场需求。

根据猎聘平台的统计数据，区块链存量人才毕业院校近一半为普通本科院校，985、211 工程院校合计占比为 34%。这些人才专业背景多为计算机科学与技术、软件工程、电子信息工程等，符合目前区块链人才的专业要求。从分布来看，对区块链人才的需求主要集中在一线和新一线城市。近年来，以北京、上海、香港、深圳等地为主，其他城市的需求较 2018 年有所上涨，表明越来越多的城市重视区块链的发展，逐步加入区块链人才争夺之中。

随着 2020 年年初"区块链工程"本科专业获教育部批准，越来越多的高校逐步开设区块链专业，区块链人才培养逐步走向规范化。与之相应的，区块链人才的发展也在历经跃迁，从最开始的信仰者和极客群体，到金融领域从业者，再到如今各行各业的专业人才相继涌入，区块链行业的人才构成也逐渐走向多元化和复杂化。

随着区块链技术的不断发展和相关应用的展现，企业对区块链专业人才尤其是技术型人才的需求逐步增长。此外，更多企业需要能理解行业问题和需求，将区块链技术应用于行业的专业人才，因此业务（行业）＋区块链的人才需求会增加，即与区块链相关的技术支持、工具开发、培训咨询服务等方面的人才需求将会逐渐增加。对企业来说，应对目前区块链人才供需矛盾和人才竞争问题，迫切需要做好人才储备和人才培养工作。

第*6*课

数字职业与数字人才培养

习近平总书记强调，要加强区块链人才队伍建设，建立完善人才培养体系，打造多种形式的高层次人才培养平台，培育一批领军人物和高水平创新团队。区块链是一门跨学科、跨领域的集成技术，涉及密码学、数据结构、计算机网络、分布式计算与存储、信息安全、软件工程、系统工程、技术管理、金融等多个学科和专业领域。区块链人才培养难度大，复合型人才缺口巨大；北、上、深、杭等城市人才集聚，二、三线城市人才需求难以得到满足。培养区块链数字人才，需要规范化、专业化和系统化的人才培养体系。

1. 高等教育中的区块链专业

（1）区块链专业概况

2020年2月，教育部公布2019年度普通高等学校本科专业备案和审批结果及新增审批本科专业名单，成都信息工程大学申报的"区块链工程（080917T）"获批新增审批专业，成为全国首个区块链工程本科专业。截至 2023 年 12 月，全国共有 30 所高等院校获批开设区块链工程本科专业，学制 4 年。开设区块链工程本科专业的高校名单见表 2-1。

表 2-1　开设区块链工程本科专业高校名单

序号	学校名称（审批年份）	序号	学校名称（审批年份）
1	太原理工大学（2021）	16	山西能源学院（2020）
2	安徽工程大学（2020）	17	福州工商学院（2020）
3	成都信息工程大学（2019）	18	山西晋中理工学院（2021）
4	苏州科技大学（2021）	19	重庆移通学院（2022）
5	安徽理工大学（2020）	20	广州华立学院（2022）
6	齐鲁工业大学（2020）	21	重庆城市科技学院（2020）
7	大连民族大学（2020）	22	江西应用科技学院（2020）
8	河北金融学院（2020）	23	郑州西亚斯学院（2021）
9	赣南师范大学（2022）	24	三亚学院（2022）
10	河北工程技术学院（2020）	25	重庆财经学院（2022）
11	湖南信息学院（2021）	26	江西服装学院（2021）
12	江西科技学院（2020）	27	河北外国语学院（2020）
13	浙江万里学院（2020）	28	重庆对外经贸学院（2022）
14	晋中信息学院（2022）	29	泰山科技学院（2022）
15	江西工程学院（2020）	30	长治学院（2021）

根据教育部 2021 年 3 月发布的《职业教育专业目录（2021年）》，区块链技术和区块链技术应用均被列入专业目录。其中，区块链技术专业为高等职业教育本科专业，专业代码为 310212，学

制4年（此专业名称原为区块链技术与应用，专业代码为810207）；新增区块链技术应用为高等职业教育专科专业，专业代码为510212，学制3年。截至2023年，获教育部批准开设区块链技术专业的高职院校为西安信息职业大学和江西软件职业技术大学。截至2023年，获教育部批准开设区块链技术应用专业的高职院校共有31所。开设区块链技术应用专业院校名单见表2-2。

表2-2　开设区块链技术应用专业院校名单

序号	学校名称	序号	学校名称
1	河北软件职业技术学院	17	郑州信息工程职业学院
2	石家庄信息工程职业学院	18	信阳艺术职业学院
3	内蒙古电子信息职业技术学院	19	武汉警官职业学院
4	大连汽车职业技术学院	20	湖北科技职业学院
5	哈尔滨职业技术学院	21	湖南信息职业技术学院
6	常州信息职业技术学院	22	湖南科技职业学院
7	浙江金融职业学院	23	广东交通职业技术学院
8	浙江安防职业技术学院	24	深圳职业技术学院
9	福州软件职业技术学院	25	广州番禺职业技术学院
10	江西软件职业技术大学	26	佛山职业技术学院
11	江西泰豪动漫职业学院	27	深圳信息职业技术学院
12	山东劳动职业技术学院	28	重庆电子工程职业学院
13	山东信息职业技术学院	29	四川信息职业技术学院
14	青岛求实职业技术学院	30	陕西财经职业技术学院
15	平顶山工业职业技术学院	31	西安信息职业大学
16	河南工业职业技术学院		

（2）高等学校区块链技术创新行动计划

为落实区块链技术发展的有关重要部署，发挥高校科技创新优势，更好地推动我国区块链技术发展和应用，2020 年 4 月教育部发布了高等学校区块链技术创新行动计划。计划的目标是，到 2025 年，在高校布局建设一批区块链技术创新基地，培养汇聚一批区块链技术攻关团队，基本形成全面推进、重点布局、特色发展的总体格局，以及高水平创新人才不断涌现、高质量科技成果持续产生的良好态势，推动若干高校成为我国区块链技术创新的重要阵地，一大批高校区块链技术成果为产业发展提供动能，有力支撑我国区块链技术的发展、应用和管理。

计划包括三项重点任务：一是区块链核心技术攻关行动，即大规模高性能区块链技术研究、区块链与监管科技研究、区块链数据安全与隐私保护技术研究、区块链多链与跨链技术研究、区块链与新一代互联网体系结构研究、区块链安全防护技术研究、区块链测评体系研究和 5G 环境下"区块链＋物联网"融合发展研究与应用。二是区块链技术攻关能力提升行动，包括科学研究类平台建设方向、技术创新类平台建设方向和行业应用类平台建设方向。三是区块链技术示范应用行动，包括基于区块链技术的征信服务体系研究、基于区块链的医疗健康协同平台研究和应用、区块链在公益捐赠与扶贫中的应用研究、区块链在分布式能源交易中的应用研究、区块链在司法领域的应用研究、区块链在供应链与物流体系的应用研究、区块链在金融监管的应用研究、区块链在数字版权管理的应用研究和基于区块链的教育管理与服务协同平台研究与应用。

（3）区块链工程专业

区块链工程专业针对社会经济和社会信息化的发展，面向区块链产业对相关人才的需求，培养德智体美劳全面发展，掌握计算机科学与技术基础知识、区块链技术基本理论和区块链项目开发方法，具有区块链系统设计与实现、区块链项目管理与实施，以及在企业和社会环境下构思、设计、实施、运行系统能力，具备较强团队协作、沟通表达和信息搜索分析职业素质，具有成为区块链行业骨干，在区块链项目系统设计开发、区块链项目管理、区块链系统服务等领域发挥创新纽带作用潜力的应用型高级专门人才。

从专业主干课程来看，包括计算机相关专业课程以及区块链技术相关理论和技术。计算机相关专业课程包括程序设计、数据结构、操作系统原理、计算机网络、数据库原理及应用、数据挖掘与分析；区块链技术相关理论和技术包括区块链原理、密码学基础原理、信息安全与数字身份、共识机制与算法、对等网络技术、区块链技术与应用、分布式计算与存储、脚本与智能合约、区块链应用开发实践、区块链金融、区块链与数字经济。

从培养方向来看，针对区块链产业企业的实际需求，主要培养区块链算法工程师、区块链平台开发工程师和区块链应用开发工程师。区块链算法工程师主要研发区块链协议、运行机制和底层实现，结合具体场景进行相关算法的设计和实现。区块链平台开发工程师根据具体业务，设计区块链平台架构并对其进行编程实现，为上层业务提供安全、可靠和高效的运行环境。区块链应用开发工程师主要将区块链具体技术应用于实际应用，能够立足具体业务需求，设计开发区块链上层业务相关智能合约，且能够与常见业务架构进行对接，并对其进行编程实现，以达成业务需求。

从就业来看，行业选择广泛。主要面向新一代信息技术和数字经济领域的互联网、软件、信息安全、金融、物流、社会治理等高新技术企业和管理部门，可从事区块链底层技术研发、应用技术研发、技术维护及相关管理等工作。

（4）区块链技术专业

区块链技术专业培养德智体美劳全面发展，掌握扎实科学文化基础和区块链底层研发，区块链应用设计，区块链应用开发、测试和运维及相关法律、法规等知识，具备区块链架构设计、底层研发、应用开发、测试和运维等能力，具有工匠精神和信息素养，能够从事区块链设计、区块链研发、区块链应用开发与测试、区块链运维等工作的高层次技术技能人才。该专业的学生应具备以下专业能力：区块链架构设计、底层研发的能力，区块链应用设计和研发的能力，智能合约设计与开发的能力，区块链应用测试设计、执行与分析的能力，区块链应用运维的能力，国产操作系统、数据库、密码技术、安全产品应用能力，信息技术和数字技术应用能力，依法从事区块链技术专业相关工作的能力，探究学习、终身学习和可持续发展的能力。该专业学生就业面向互联网和相关服务、软件和信息技术服务、区块链工程技术等领域，从事区块链设计、区块链应用开发与测试、区块链运维等岗位。

（5）区块链技术应用专业

区块链技术应用专业的培养目标是围绕国家数字经济重点产业发展需求，以及区块链数字金融等人工智能与产业深度融合应用，培养掌握区块链部署和运维、智能合约和应用开发等专业技术技能，具备认知能力、合作能力、劳动能力、创新创业能力、职业能力等关键能力，具有审美和人文素养，面向区块链应用领域的复合式创新型高素质技术技能人才。区块链技术应用专业主干课程包括区块链技术、区块链管理与开发、区块链开发与实践、区块链安全与测试、Web 前端编程技术、Web 后端编程技术、Go 语言及应用、数字人民币与数字金融、碳金融创新、元宇宙导论等。区块链技术应用专业就业方向为信息技术领域区块链部署运维、区块链应用设计、智能合约编程、Web 系统开发、软件测试等，主要就业岗位为区块链工程技术工程师和区块链应用操作工程师等。

（6）小结

区块链技术的快速演进要求不断地评估和改进相应的课程体系，需要建立一个伴随学科进步持续更新教学内容的评估机制。区块链专业相关课程的开发和设置需要迅速反映技术变化、教学方法的发展并充分体现终身学习的重要性。基于在合理范围内尽可能小的核心知识体系（包含相关工具、标准及或工程约束），设置区块链专业的课程内容，区块链的教育和实践训练应有助于激励学生终身学习，并全面培养系统设计和实现的能力。在教育过程中应强调专业素养，包括管理能力、社会伦理和价值观、书面和口头沟通能力、团队工作能力，以及在快速发展的学科中与时俱进的能力。区块链专业的教育已经建立在广泛共识的基础上，得到了来自产业界、政府管理部门以及教育机构等各方面力量的支持和参与。

2. 区块链工程技术人员的专业发展

区块链工程技术人员应该持续接受教育，以学习业界前沿实践经验，进一步发展自身的专业技能。

（1）区块链专业技术等级评价与数字技术工程师培育项目

根据《专业技术人才知识更新工程数字技术工程师培育项目实施办法》，区块链工程技术人员国家职业技术技能标准是区块链工程技术人员培训和评价的依据。区块链工程技术人员分为初级、中级、高级三个专业技术等级。对初级区块链工程技术人员而言，要求能够运用基本技术独立完成本职业的常规工作。对中级区块链工程技术人员而言，要求能够熟练运用基本技术独立完成本职业的常规工作；在特定情况下，能够运用专门技术完成一些较为复杂的工作；能够与他人合作。对高级区块链工程技术人员而言，要求能够熟练运用基本技术和专门技术完成本职业较为复杂的工作，包括完成部分非常规性的工作；能够独立处理工作中出现的问题；能够指导和培训初、中级区块链工程技术人员。区块链工程技术人员要获得相应的职业认证资格，需要完成培训、考试和申报三个步骤。

在培训阶段，区块链工程技术人员参加培训机构根据国家职业技术技能标准和培训大纲明确的培训学时、内容和要求组织的规范化（线上、线下）培训，完成规定学时（初级 80 标准学时，中级 64 标准学时，高级 64 标准学时）和内容，通过结业考核后取得培训合格证书。培训通常包含基础知识学习、真实案例分析以及能力实践环节。

在考试阶段，当报考信息被评价机构按照国家职业技术技能标准规定的申报条件审核确认后，区块链工程技术人员可参加评价机构组织的专业技术等级考核。考试包括理论知识考试和专业能力考试。理论知识考试时间不少于 90 分钟，采用笔试、机考方式进行，主要考查区块链工程技术人员从事本职业应掌握的基本知识和专业知识；专业能力考核时间不少于 60 分钟，采用专业设计和模拟操作等实战考核方式进行。

在申报阶段，区块链工程技术人员在符合国家职业技术技能标准规定申报条件的前提下，按照申报考核证明事项告知承诺制的有关要求，向评价机构申报相关职业专业技术等级考核。理论知识考核和专业能力考核成绩皆达 60 分（含）以上者为合格，考核合格者获得相应专业技术等级证书。评价机构按照全国统一的编码规则和证书样式，制作并颁发专业技术等级证书或电子证书，电子证书与纸质证书具有同等效力。

区块链工程技术人员职业等级证书作为职业能力的证明，是用人单位培养和使用区块链工程技术人员的重要依据，可作为继续教育、评聘相应职称的重要条件，与相应职业资格和职称层级相衔接。获得职业等级证书的区块链工程技术人员应按照《专业技术人员继续教育规定》有关要求，参加进修、专业学术活动、工程项目执行等继续教育活动。

区块链工程技术人员的专业发展，需要尊重技术发展和人才成长规律，需要坚持"以职业活动为导向、以专业能力为核心"的指导思想，以适应科技进步、社会经济发展和产业结构变化。区块链工程技术人员理论知识和专业能力权重分配表，见表 2-3 和表 2-4。

表 2-3　区块链工程技术人员理论知识权重分配表　　　　%

项目		专业技术等级		
		初级	中级	高级
基本要求	职业道德	5	5	5
	基础知识	20	10	5
相关知识要求	开发应用系统	20	30	—
	测试系统	20	15	10
	运行维护系统	35	15	—
	设计应用系统	—	20	35
	研发关键技术	—	—	30
	技术咨询服务	—	—	10
	培训与指导	—	5	5
合计		100	100	100

表 2-4　区块链工程技术人员专业能力权重分配表　　　%

项目		专业技术等级		
		初级	中级	高级
专业能力要求	开发应用系统	30	40	—
	测试系统	30	15	10
	运行维护系统	40	20	—
	设计应用系统	—	20	45
	研发关键技术	—	—	30
	技术咨询服务			10
	培训与指导	—	5	5
合计		100	100	100

　　根据技术发展和人才成长规律，按照职业活动范围由窄到宽，工作责任从小到大，工作难度从易到难，技术要求从简单到复杂对区块链工程技术人员进行等级划分。考虑到职业的传承，中、高级区块链工程技术人员需要完成对下一等级人员的技术培训与指导工作。

（2）初级区块链工程技术人员的可持续发展

　　1）学习方法。初级人员的培训包括基础知识和能力实践两个部分。区块链工程技术人员需要掌握的基础知识，对应《标准》中的区块链基础知识和相关法律、法规知识。能力实践部分是在掌握基础理论知识的基础上的拓展，为后续的学习打下基础。区块链基础知识包括：区块链技术诞生的背景、基本原理和概念、技术演进过程、主要技术类型、体系结构和对社会经济的价值意义；与区块链技术密切相关的重要技术体系，即密码技术、共识算法、对等网络知识和智能合约。区块链相关法律、法规知识，是对我国区块链相关法律、法规的梳理和解读，为区块链工程技术人员及相关从业者提供合规操作指引及风险提示。

能力实践部分主要是介绍方法论以及完成任务所依赖的相关技术性知识，如单元测试的基本方法等。学习时，学习者需要深刻理解实践部分的理论知识，通过实践部分的描述，理解如何完成任务，明确完成任务每一个步骤的逻辑和原理，以及业界的经验总结。最终能达成对理论知识和实践内容的全面理解，遇到类似任务可以自己设计工作任务的步骤。最终的学习成效应该体现为：学习者具备解决问题的能力，可以应用理论、技术和工具来解决工作中遇到的相关问题。能从系统的角度思考，理解系统的每个组件以及相互之间的关系。

初级人员在基础知识学习过程中，需要注意以下三点：第一，结合应用系统的结构学习相应的理论知识；第二，理解区块链底层理论知识产生的原因、特点、优点和可能存在的缺陷；第三，通过基础实验巩固理论知识，如密码学实验、智能合约实验、分布式网络实验等。

初级人员在能力实践学习过程中，需要注意以下三方面：第一，理解代码的逻辑；第二，理解代码运行的技术知识；第三，理解基础实验的理论基础和在应用系统中的体现。

在真实案例学习的过程中，需要注意以下三方面：第一，理解利用区块链技术解决现实行业问题的思路和方法；第二，理解案例中每一个实现步骤的业务背景；第三，理解案例中每一个步骤涉及的理论和技术知识。

初级人员在理解通用经验的过程中，需要注意以下三方面：第一，理解经验中的指标选择原因和方法；第二，根据区块链应用系统的生命周期，理解每一个阶段经验与知识技术之间的联系；第三，总结自己在学习理论知识和实践过程中的经验。

2）专业能力发展方法。初级人员主要从事认知层级较低（理解和应用的水平）、自主性一般（需要被指导）和难度较低的任务，职业活动范围较窄，工作责任相对较小，技术复杂程度相对较低。

初级人员专业能力要求如下：熟练掌握区块链专业基础理论知识和专业技术知识；了解国家有关的法律、法规和政策；熟练掌握本专业的技术标准、规范、规程；具有独立完成一般性技术工作的实际能力，能够处理一般性技术问题，较好地完成应用系统开发、系统测试、系统运行维护相关岗位的职责任务。

在应用系统开发方面，熟练掌握应用系统语言基础和开发环境概念、智能合约编程方法、应用软件系统开发框架原理、应用软件系统开发方法等方面的基本理论知识和基本方法。

在系统测试方面，熟练掌握操作系统基础和数据库基础概念，软件测试基础概念，缺陷管理方法，功能测试报告规范，接口测试基础概念、方法、报告规范，性能测试基础概念、工具使用方法、报告规范，静态安全扫描测试方法，动态安全扫描测试方法，漏洞扫描和渗透测试方法，数据层、网络层、共识层、合约层、应用层安全测试方法等方面的基本理论知识和基本方法。

在系统运行维护方面，熟练掌握计算机网络知识、操作系统安装配置知识、虚拟化知识、系统网络基础概念、系统应用环境概念、应用体系架构概念、节点部署知识、系统运维方法、软件维护方法、监控平台和工具使用方法、运维案例实践方法、运维文档规范等方面的基本理论知识和基本方法。

在实际工作过程中，初级人员应该运用知识和技能，完成职责任务，并经常总结任务完成质量和知识技能发展情况。初级人员有机会接受中级人员给予的知识和技术培训。在中级人员指导解决应用系统开发、测试部署、调试和维护等问题的过程中，初级人员可以通过已有的工作经验，观察指导者的工作过程和工作方法，做到不懂就问，巩固和发展自己的知识和技能。

3）进阶方法。初级人员需要接受中级人员的培训和指导，再经过必要的学习和工作中的不断成长，在具备《标准》所要求的理论知识和实践经验后，可以发展成为中级人员。初级人员进阶到中级人员，需要重点发展分析应用系统需求能力、设计能力（设计应用系统功能模块、数据库结构和智能合约）和开发复杂功能（如开发应用系统组件和接口）的能力。同时需要发展系统思维能力，基于丰富的维护经验撰写运行维护系统的规范，掌握必要的技术支持方法，并具备培训和指导的能力。这些能力的发展都离不开理论知识和实战经验的积累以及专业训练。

（3）中级区块链工程技术人员的可持续发展

1）学习方法。中级人员在理论知识学习过程中，需要注意以下三方面：第一，与已经掌握的软件开发知识和技能对照比较，学习区块链相关软件开发的关键点；第二，熟练掌握应用系统设计的知识和方法；第三，理解培训和指导的知识和方法。

中级人员在能力实践过程中，需要注意以下三方面：第一，巩固开发能力，同时注意发展设计能力；第二，利用机会实践培训和指导技能，以提高工作质量；第三，注意培养良好的思维方式，如在设计智能合约的时候，需要从攻击者的角度考虑，建立防御措施和预防措施。

2）专业能力发展方法。中级人员主要从事认知层级较高、自主性较强和难度较高的任务，相比初级人员，中级人员的工作职业活动范围变宽，工作责任和工作难度相对较大，技术复杂程度相对较高。

对中级人员的专业能力要求如下：熟练掌握本专业基础理论知识和专业技术知识，掌握相关专业知识；熟悉国家有关的法律、法规和政策；熟练掌握本专业的标准、规范、规程、规章；及时掌握本专业国内外技术状况和发展趋势，具有跟踪区块链科技发展前沿水平的能力；能对重大和关键的技术问题进行分析、研究和总结提高，并能结合本单位实际情况，提出技术发展规划；认真履行工作职责，履职成效良好；能够出色地完成应用系统设计、应用系统开发、系统测试、系统运行维护、培训与指导相关岗位的职责任务，并指导工程师或研究生的工作和学习。

在应用系统设计方面，熟练掌握需求分析方法、需求分析文档规范、应用系统功能设计方法、应用系统功能设计文档规范、数据存储结构分析方法、数据存储结构设计方法、设计语言和工具概念、智能合约设计方法、应用系统技术设计文档规范等方面的基本理论知识和方法。

在应用系统开发方面，熟练掌握软件设计概念和原理、软件结构化设计知识、面向对象编程范式知识、面向服务架构知识、软件接口知识、单元测试知识等方面的基本理论知识和方法。

在系统测试方面，熟练掌握功能评测指标要求、功能测试方法、性能评测指标要求、性能测试方法、安全评测指标要求、安全测试方法、安全测试计划规范、安全测试报告规范等方面的基本理论知识和方法。

在系统运行维护方面，熟练掌握技术支持服务方法、系统分析方法、技术支持文档规范、应用系统运维规范等方面的基本理论知识和方法。

在培训与指导方面，熟练掌握培训讲义编写方法、培训教学方法、实践教学方法、技术指导方法等方面的基本理论知识和方法。

在实际工作过程中，中级人员应该运用知识和技能，完成职业任务，并经常总结自己的任务完成质量和知识技能发展情况。通过培训和指导初级人员，逐步发展自己的技术领导力（如知识既有广度又有深度，为团队做示范，为团队解决疑难问题并能创新等）。同时，在接受高级人员给予的技术培训和技术指导过程中，积累用技术解决现实问题的应用经验，提高分析和设计能力。

3）进阶方法。中级人员要进阶到高级人员，面临较大的挑战，需要发展分析能力、设计能力和技术领导力。具体来说，需要发展分析应用系统架构需求能力、设计能力（设计应用系统总体架构、底层技术方案、底层架构层次和技术方案、系统集成方案、评测指标）和研发区块链关键技术的能力。同时需要具备技术咨询服务能力，如设计解决方案和撰写技术标准和规范，并具备培训和指导的能力。这些能力的发展都离不开理论知识和实战经验的积累以及专业训练。

（4）高级区块链工程技术人员的可持续发展

1）学习方法。高级人员自身需要具备较高的认知水平和完成复杂任务的能力，除了学习最前沿理论知识和发展专业技术技能，更重要的是发展技术领导力，主要表现在商业影响力和在高生产力状态下做出持续的贡献。高级人员应该能通过应用关键技术/组件来满足商业目标，在复杂问题或者项目的环境中理解、发展和利用区块链技术。在做技术选择时，既能实现项目目标，又能平衡创新、重用、维护和可制造性。支持团队的创新，探索创新性解决方案、创新性思想。作为团队技术领导，在产品组件、解决方案、服务和战略方向上表现出增长技术的深度和广度，能在高生产力状态下做出持续的贡献。能建立和带领一支有足够技术竞争力的团队。具备优秀的知识分享能力，为团队提供好的方法论，能为团队成员做出好榜样。

2）专业能力发展方法。高级人员主要从事认知层级高（分析和设计）、自主性强和任务难度高的任务，相比中级人员，高级人员的工作职业活动范围更宽，工作责任和工作难度更大，技术复杂程度更高。

对高级工程师的专业能力要求如下：熟练掌握本专业基础理论知识和技术知识，熟练掌握相关专业知识，具有深厚的学术造诣，为本专业学科、技术带头人；熟悉国家有关的法律、法规和政策，并能在本专业技术工作中运用；熟练掌握本专业相关的技术标准、规范、规程和法规，掌握并能分析本专业国内外最新发展趋势；在指导、培养中青年学术技术骨干方面做出突出贡献，能够出色地完成应用系统设计、系统测试、关键技术研发、技术咨询服务、培训与指导相关岗位的职责任务，并有效指导工程师或研究生的工作和学习。

在应用系统设计方面，熟练掌握技术选型和创新方法，应用系统技术标准和体系架构要求，新一代信息技术知识与集成方法，架构设计、系统设计、合约设计、应用设计的方法，技术管理方法，监管框架与条例知识，软件和系统工程知识，业务流程建模方法，软硬件架构设计方法，系统性能评估方法，区块链底层前沿理论和关键技术，区块链底层架构的设计方法、文档规范，底层系统部署文档规范，公有链、联盟链技术体系知识，计算机系统、网络通信、信息安全和应用系统原理、系统软硬件集成方法等方面的基本理论知识和方法。

在系统测试方面，熟练掌握区块链功能评测指标及工具体系架构原理，区块链性能评测指标及工具体系架构原理，区块链安全评测指标及工具体系架构原理等方面的基本理论知识和方法。

在关键技术研发方面，熟练掌握共识算法原理、共识算法评估方法、点对点网络模型、网络节点交互协议、分布式存储原理、密码学算法原理、隐私保护算法评估方法、编译原理、虚拟机设计方法、存储设计方法、治理机制原理、跨链数据概念、跨链事务原理、跨链安全原理等方面的基本理论知识和方法。

在技术咨询服务方面，熟练掌握咨询服务方法、可行性研究报告规范、技术解决方案规范、技术标准编写方法、技术规范编写方法等方面的基本理论知识和方法。

在培训与指导方面，熟练掌握区块链新知识、新理论、新技术、效果评估方法等方面的基本理论知识和方法，以便培训指导中级及以下等级人员。

在实际工作中，高级人员作为负责人，需要带领团队完成工作任务，研发具有较高水平的新技术、新产品和新应用，并带来显著社会效益或经济效益，以及为所有技术决策负责。

3）专业发展任务。区块链技术处在不断发展的过程中，高级人员要保持相应的水平，需要与时俱进，不可故步自封。

在技术领导方面，在项目／工程领导、研究领导、教育领导和技术管理等方面表现出色，为团队成员作出指导。

在技术能力方面，需要为团队做出榜样，有能力解决重大技术难题，取得显著的经济效益和社会效益。

在技术贡献方面，能够实现优秀的产出，如发表学术论文、专著，编写教科书，完成成功的产品工程／开发、专利和标准等。

在专业贡献方面，为专业协会、审查委员会、会议委员会和标准委员会等提供服务，如编制国家或行业标准、规范、规程、指南等。

（5）不同等级区块链工程技术人员专业发展

在区块链应用系统的分析、设计、开发、测试和运行维护、技术咨询服务、培训和指导等各个生命周期过程中，初级、中级和高级人员发挥着不同的作用，工作内容见表 2-5。

表 2-5　不同等级人员在区块链应用系统各生命周期的工作内容

生命周期	工作内容	初级	中级	高级
分析	分析应用系统需求		√	
	分析应用系统架构需求			√
设计	设计应用系统总体架构			√
	设计区块链底层技术方案			√
	设计区块链底层架构层次和技术方案			√
	设计区块链系统集成方案			√
	设计应用系统功能模块		√	
	设计数据库结构		√	
	设计智能合约		√	
开发	研发共识算法			√
	研发分布式网络			√
	研发隐私保护机制			√
	研发智能合约引擎			√
	研发跨链机制			√
	开发应用系统组件		√	
	开发应用系统接口		√	

续表

生命周期	工作内容	初级	中级	高级
开发	开发智能合约	√		
	开发功能模块	√		
测试	设计功能评测指标			√
	设计性能评测指标			√
	设计安全评测指标			√
	开发功能评测工具		√	
	开发性能评测工具		√	
	开发安全评测工具		√	
	测试系统功能	√		
	测试系统接口	√		
	测试系统性能	√		
	测试系统安全	√		
运行维护	撰写文档和规范		√	
	准备运行环境	√		
	部署和调试系统	√		
	维护系统	√		
	支持应用系统		√	
技术咨询服务	设计解决方案			√
	撰写技术标准和规范			√
培训和指导	培训		√	√
	指导		√	√

根据表2-5的内容，可以给出从产业岗位与职业标准等级对应表（见表2-6）。岗位分类参考区块链产业人才岗位能力要求，这里的分类比较适用于现行产业界的分工，包括核心研发岗位、实用技术岗位和行业应用岗位。

表2-6　产业岗位与职业标准等级对应表

岗位类型	工作内容	初级	中级	高级
核心研发	底层架构师			√
	密码算法工程师			√
	隐私保护研发工程师			√
	共识机制开发工程师			√
	软件开发工具包研发工程师	√	√	
	分布式网络研发工程师			√
	智能合约引擎研发工程师			√
实用技术	智能合约开发工程师	√	√	
	安全研发工程师		√	√
	测试工程师	√		
	运维工程师	√		
	区块链应用架构师			√
	区块链应用开发工程师	√	√	
行业应用	行业产品经理		√	
	各行业工程师		√	

（6）区块链技术的应用场景与职业道德

区块链技术有其应用的具体场景。什么时候需要使用区块链技术，取决于我们对以下几个问题的回答：第一，我们是否需要重建信任？第二，我们是否需要在没有昂贵的中间人的情况下进行多方交易？第三，我们是否有理由分配计算能力？第四，我们是否需要确保一个应用程序在运行时不会出现停机时间或审查风险？第五，我们是否需要保护身份和隐私？如果对于这五个问题的回答都是肯定的，那么区块链就是唯一的解决方案。

基于区块链技术开发的产品一般都是基于已有互联网产品/信息系统，区块链平台会提供软件开发工具包（Software Development Kit，SDK）、应用编程接口（Application Programming Interface，API）等应用程序集成，企业端和消费端用户都可能用到区块链产品。相比其他信息技术的应用，区块链解决方案、产品或者项目实施起来有一定难度，原因在于大众/企业对区块链技术应用的接受程度较低，协作和协调成本高，并且不易体现收益。现实中，用区块链解决某个领域的问题，还需要有牵头机构去争取业务相关方的共同加入。

从事区块链相关工作，需要遵守基本的职业道德，具有诚实、正直、诚信、尊重、成熟、礼貌、合作的专业素养，同时要遵守我国法律、法规及政策中与区块链相关的规定，理解区块链合规要求及规范，规避风险。

当前，涉及区块链的法律主要有《中华人民共和国网络安全法》《中华人民共和国电子商务法》《中华人民共和国电子签名法》；在行政法规层面，主要有《计算机信息系统安全保护条例》《互联网信息服务管理办法》；在部门规章层面，主要有《金融消费者权益保护实施办法》《区块链信息服务管理规定》《网络招聘服务管理规定》等，其中《区块链信息服务管理规定》是目前最直接规范区块链信息提供者的专门性规章；在司法解释层面，主要有最高人民法院的《关于互联网法院审理案件若干问题的规定》《关于加强著作权和与著作权有关的权利保护的意见》。

随着区块链技术与应用的逐渐发展，相关的法律、规范将会不断完善。此外，由于区块链相关工作涉及数据和信息，区块链从业人员也应遵守相关的法律、法规。

延伸阅读

了解法律专业人士对我国区块链相关法律、法规梳理和解读的具体内容，获得合规操作指引及风险提示，请阅读《区块链工程技术人员——基础知识》（ISBN 978-7-5129-1686-9）中第七章"区块链相关的法律与政策解读"。

数字产业篇

在数字经济浪潮的推动下，区块链技术以其独特的去中心化、透明化、高安全性特点，逐渐成为推动社会发展的重要力量。它不仅是一种技术，还是一种思维方式，更是社会变革的引擎。区块链技术的广泛应用将对工业生产、人民生活、国家治理等方面产生深远的影响。

区块链技术如同国之重器，承载着国家战略规划的期望与重任。它不仅是"新基建"中的"信任之源"，还是数据要素中的核心支撑。随着国家试点项目的引领，区块链技术正迅速融入各行各业，为生产与生活带来前所未有的变革。在国计民生领域，区块链技术的创新应用正在为数字政务、社会治理、金融征信等带来深刻变革。它能够提高政务效率，增强社会治理能力，促进金融行业的透明度和信任度。在创新驱动的背景下，区块链技术正成为推动产业革新的重要力量。它将在数字资产、数据资产领域的创新等方面，引领我们进入一个崭新的数字时代。

数字产业篇围绕国之重器、国计民生和创新驱动三个方面，深入探讨区块链技术在数字经济大环境下的应用发展，展望未来其的巨大潜力和机遇，以及所面临的诸多挑战。

国之重器

1. 区块链在国家战略规划中的定位与重要性

（1）区块链：中国科技崛起的引擎

区块链技术的发展在当今科技领域掀起了一场革命。我国将区块链技术视为科技崛起的引擎之一，在国家战略规划中赋予其极为重要的定位。这标志着发展区块链技术已上升为国家战略，深刻影响国家未来的科技竞争力、人民生活和产业发展。

习近平总书记在主持第十九届中央政治局第十八次集体学习时，不仅强调区块链技术的集成应用要在新的技术革新和产业变革中发挥重要作用，将区块链作为核心技术自主创新的重要突破口，对区块链技术的发展给予高度关切，还指明了我国区块链技术发展的方向，即要强化基础研究、推动协同攻关、加强标准化研究、加快产业发展、构建产业生态、加强人才队伍建设。从基础研究到人才队伍建设，这一系列要求涵盖了区块链技术发展的各个关键领域，既是对技术创新和产业升级的明确指引，也是国家层面对区块链技术发展的战略性决策，体现了我国对新技术发展的高度重视。

（2）"融合发展"：区块链在中国经济社会中的多重作用

区块链技术不仅是一种技术，还是一种思维方式，它可以与实体经济和社会生活深度融合，发挥多重作用。习近平总书记在学习中反复强调的融合发展概念，凸显了我国对区块链技术在经济社会中多元作用的深刻认知。这一思路在以下三个层面得以体现：

1）经济社会多元作用。要抓住区块链技术融合的契机，充分发挥其在数据共享、业务流程优化、运营成本降低等方面的作用，不仅在数字经济中发挥作用，还为城市建设、公共服务等提供支持。

2）与实体经济深度融合。推动区块链与实体经济深度融合，解决中小企业融资难题，探索数字经济模式创新，为打造公平竞争、透明稳定的营商环境提供支持。这体现出我国对区块链技术在支持实体经济方面的期待，通过深度融合将促进社会经济的高质量发展。

3）民生领域的应用。融合发展也体现在民生领域，习近平总书记指出要推动区块链技术在教育、就业、养老、医疗健康等领域的应用。这进一步彰显了区块链技术对人民生活的积极影响。

融合发展的思路既是对技术的合理利用，也是对人民福祉的积极关注。从数字经济到城市建设，从公共服务到实体经济，区块链技术的全面融合将推动中国实现经济社会的高质量发展。

（3）"重要突破口"：蕴含区块链作为核心技术自主创新发展的深意

科学技术是第一生产力，关键核心技术尤其关系整个国家的发展。将区块链作为核心技术自主创新的重要突破口，强调了核心技术自主创新在激烈的国际竞争中对国家发展的关键性推动作用。

1）核心技术的自主创新。当前，全球科技创新竞争激烈，核心技术是国之重器，最关键、最核心的技术要立足自主创新、自立自强。市场换不来核心技术，有钱也买不来核心技术，必须靠自己研发、自己发展。

自主创新核心技术成为维护国家利益的关键。我国在区块链领域的投入和引导，表明了要在理论最前沿占据创新制高点，取得产业新优势的战略目标。

2）区块链的全球发展机遇。区块链技术是全球科技创新的焦点，目前世界各国区块链技术和产业均处于快速发展的早期阶段，没有哪个国家存在着绝对的优势。我国在该领域起步较早，技术创新氛围很好，市场潜力巨大，拥有良好的发展基础。国家在政策层面上要求强化基础研究、提升原创能力，为我国在全球区块链技术发展中占据优势树立了明确目标。

2. 区块链在数字经济中的重要性及作用

数字经济是继农业经济、工业经济之后的主要经济形态，是以数据资源为关键要素，以现代信息网络为主要载体，以信息通信技术融合应用、全要素数字化转型为重要推动力，促进公平与效率更加统一的新经济形态。

（1）区块链在数字经济中的重要性

在数字经济的浪潮中，区块链技术崭露头角，成为不可或缺的重要角色。根据"十四五规划"，区块链被明确列为数字经济发展的七大重点产业之一，展现了我国政府对区块链技术的高度重视和大力支持。

在"十四五规划"中，我国政府将区块链定位为以技术创新为动力、平台应用提供能量、监管保驾护航的关键产业之一。这表明区块链技术将在数字产业化和产业数字化中发挥关键作用，推动数字技术与实体经济深度融合，助力传统产业升级。

（2）区块链在数字经济中的作用

区块链技术在数字经济中发挥着多方面的关键作用，具体体现在以下四个方面：

1）区块链技术提高数字经济的信任度。在数字经济中，信息传递和交易往往依赖于网络，因此信息的真实性、可靠性、安全性等方面面临严峻挑战。区块链技术通过去中心化和不可篡改的特性，为数字经济的信任问题提供了创新性解决方案。在去中心化的网络中，数据存储在众多节点上，任何单一节点的修改都无法改变整个系统的数据，从而提高了信息传递和交易的信任度。这对于数字经济的健康发展至关重要，尤其是在金融、供应链管理等领域。

2）区块链技术提高数字经济的效率。在数字经济中，大量的数据和信息需要进行整合、分析和利用。区块链技术通过智能合约等手段实现对数据和信息的自动化处理和管理，从而提高了数字经济的运营效率和效益。智能合约是一种自动执行合约的计算机程序，它可以在特定条件下自动触发和执行合约中的条款。这使得数字经济中的合同、交易等可以在不需要中介的情况下自动完成，大大提高了效率，降低了成本。

3）区块链技术促进数字经济的合作和协作。数字经济中各个参与者分布在不同地域和领域，合作和协作的难度较大。区块链技术凭借去中心化和可编程的特点，为数字经济不同参与者之间的合作和交流提供了更便利、高效的平台和工具。通过智能合约，数字经济中的参与者可以在无须信任第三方的情况下完成交易，促进了协作。

4）区块链技术推动数字经济的创新和发展。随着技术的不断进步和应用的不断拓展，数字经济需要持续进行创新和发展。而区块链技术作为一项前瞻性技术，为数字经济中的创新和发展提供了新的思路和路径。通过区块链技术，可以更加灵活地设计新的商业模式、创建新的数字化产品，从而推动数字经济的不断创新。

3. "新基建"中的"信任之源"

您是否经常听到"新基建"这个词？这可不是新建一座大桥或高楼，而是国家为了推动高质量发展部署的一系列新型基础设施。在这其中，有一项特别的技术引起了大家的广泛关注，那就是区块链。

区块链为什么会被纳入"新基建"呢？一方面，作为一种底层与后端技术，区块链的技术架构具有天然的"强基础设施"属性，得以支撑网络节点间的交互协作和共享。另一方面，它具有基础性、公共性、强外部性等"新基建"三个属性，并具有"新基建"的六个特点：范畴持续拓展延伸、技术迭代升级迅速、持续性投资需求大、互联互通需求更高、安全可靠要求更高、对技能和创新人才需求大。

那么，区块链技术是如何成为信任管理的基础设施的呢？当前的互联网主要解决的是信息传递的问题，而区块链技术的出现，使得信息互联网得以向价值互联网演变。区块链的多中心块链式存储结构确保了数据的真实性和难以被篡改性，从而在互联网上建立了一个基于技术的信任体系。这意味着无论是购物、投资还是其他任何涉及多方参与的场景，我们都可以通过区块链技术来确保交易的公平性和安全性。

当然，区块链并不是孤立的，它与其他信息技术协同作用，为各行各业赋能。例如，与物联网、云计算、大数据和人工智能等技术相结合，区块链能够重新构建数字经济时代的秩序、规则和信任机制。这不仅改变了多个行业的运行规则，更为未来的数字经济发展提供了坚实的基础。

作为"新基建"的重要组成部分，区块链的发展前景广阔。它不仅能够助力各行各业实现数字化转型和升级，还能够促进创新和跨界融合，为经济社会发展注入新的活力。随着国家对"新基建"的大力支持和推广，相信在未来，区块链技术将在更多领域得到广泛应用和深度融合，为我们的生活带来更多便利和安全。

4. 区块链在数据要素中的作用

（1）发挥数据要素的重要作用

随着第四次工业革命的来临，数据作为生产要素备受重视，被誉为 21 世纪的"黄金""石油"。党的十九届四中全会将数据与其他生产要素同等对待，强调培育和发展数据要素市场。"十四五规划"进一步明确提出，要建立数据资源产权确认、交易流通、跨境传输和安全保护等基础制度和标准规范，推动数据资源开发利用。

数据要素主要由政务数据和包括企业数据在内的社会数据组成。这些数据既来自个人衣食住行、医疗、社交等行为活动，又来自平台公司、政府、商业机构提供服务后的统计、收集等。

数据要素的特殊属性，要求加强数据资源的开放共享。数据越多价值越大，分享越多价值越大，差异越明显价值越大，跨越范围越广价值越大。数据资源的开放共享成为推动社会发展的必然需求。

（2）区块链在数据要素流通中的作用

数据要素的流通对于数字时代的发展至关重要。根据数据和资金在主体之间的流动方式，我们可以将数据要素流通分为数据开放、数据共享和数据交易三种模式，具体如图 3-1 所示。

毫无疑问，数据交易模式是数据要素实现市场价值化的关键手段。然而，在数据要素流通过程中，数据的真实性和安全性问题一直是困扰人们的难题。区块链作为一种新型基础设施和技术手段，

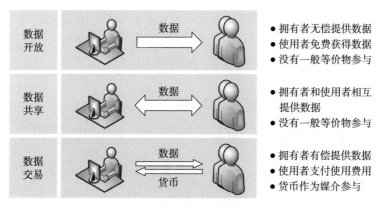

图 3-1　数据要素的流通模式

不仅可以确保数据的真实性和安全性，还可以为数据要素的流通提供高效、便捷的解决方案。

1）数据确权与防篡改。首先，区块链技术具有确保数据真实性和防篡改性的特性。它通过不可篡改的哈希值和时间戳等技术手段，确保了数据在传输、存储和使用过程中的完整性和真实性。这种防篡改机制为数据确权提供了有效的技术支持，使得数据成为可信赖的基础信息。

2）建立信任机制。在数字时代，信任是推动经济和社会发展的基础。传统互联网时代需要依赖中心化的第三方来保障交易的可信性，而区块链通过分布式的共识算法，使得交易无须中介即可进行，参与方通过共同达成的一致性来建立信任。这种全新的信任机制在金融、供应链、公共服务等领域有着广泛的应用。

3）数据的安全监管。数据的泄露和盗用一直是数字时代面临的严重问题。传统的中心化数据库存在单点故障的问题，一旦服务器被攻破，大量数据就会暴露在风险之中。而区块链上的数据分散存储在网络的各个节点上，即使一个节点被攻破，也不会影响整体数据的安全。这种分布式的安全管理方式有效防范了大规模数据泄露的风险，也有助于构建数据监管治理体系。

4）提高数据可用性。区块链通过去中心化，提高了数据的可用性。在传统的中心化系统中，一旦中心服务器崩溃或受到攻击，整个系统就会瘫痪。而区块链上的数据存储在众多节点上，不存在单点故障，保证了数据的持续可用性。这对于关键性系统的稳定运行至关重要，尤其是在金融、医疗等领域。

5）促进跨机构的数据共享与流通。区块链的每一笔交易都被记录在链上，并且可供所有参与方查看，使得数据的流动变得透明而可追溯。这种透明性在供应链管理、食品溯源等领域具有巨大潜力。通过区块链，消费者可以追溯产品的生产、流通和质量检测等全过程，确保产品的可信度，提高消费者的信任度。

5. 国家试点项目引领创新与应用

随着科技的不断进步，区块链技术已经逐渐成为数字经济时代的重要基石。国家及地方政府对区块链技术的发展给予了高度重视和支持，积极推动其在各领域的创新应用。

据统计，截至2023年年底，国家各部委及各地方政府出台的区块链相关政策已有691项，持续对区块链发展给予扶持。2021年以来，中央网信办、工业和信息化部等17个部门联合发布国家区块链创新应用试点项目，旨在挖掘和培育具有创新性、示范性和引领性的区块链应用场景，推动区块链技术在实体经济、民生服务、智慧城市和政务服务等领域的应用，形成了一批典型经验做法。2023 年 5 月，工业和信息化部正式发布《区块链和分布式记账技术　参考架构》（GB/T 42752—2023）国家标准。这是我国首个获批发布的区块链技术领域国家标准，进一步加快了区块链标准化进程，为区块链产业高质量发展奠定了基础。

在地方政府层面，各地积极响应国家号召，纷纷出台区块链产业发展政策和配套措施。据统计，共有 28 个地方发布了超过 660 项政策文件，支持区块链的基础设施建设、技术创新、人才培养和产业集聚。

早在 2020 年，北京市就制订了区块链创新发展行动计划，致力于将北京建设成为具有全球影响力的区块链科技创新高地。如今，北京市已经建成了"长安链""目录链""国网链"等一批重要的区块链基础设施，为政务服务、数据共享、电力交易等领域提供了强大的技术支撑。"北京市目录链技术体系及重大应用""基于区块链的冬奥绿色电力交易及溯源关键技术与应用"等项目案例，被工业和信息化部选入区块链典型应用案例，充分展示了北京市在区块链技术创新和应用方面的成果和水平。

上海市紧随其后，积极布局区块链产业。2023 年，上海市出台《上海市推进城市区块链数字基础设施体系工程实施方案（2023—2025 年）》等三大市级方案，明确了加快建设城市区块链基础设施的目标。目前，城市级区块链数字基础设施"浦江数链"已于 2023 年年底上线运行，积极探索区块链在各领域的应用和创新。除了基础设施的建设，上海市还鼓励优质的企业、科研院所等联合开展技术攻关和生态共建。

广东省不甘示弱，积极布局区块链产业。2024 年伊始，广东省印发《广东省培育区块链战略性新兴产业集群行动计划（2023—2025 年）》，明确提出到 2025 年，区块链产业将进入爆发期，可信数据服务网络基础设施将基本完善。为了实现这一目标，广东省将实施"新基建""强基"工程关键核心技术"引擎"工程、标准规范"引领"工程、企业梯队"引培"工程、应用示范"赋能"工程、产业生态"培育"工程、区域创新"联动"工程等六大重点工程，培育完善的产业生态，推动区块链技术和应用创新。

第8课

国计民生

区块链技术作为数字经济的坚实支柱，展现了一种独特的魅力：它分布式的、去中心化的、坚如磐石且不可篡改的特性，确保了数据的安全存储与可信交换。这种神奇的技术不仅促进了数据的安全共享、价值的高效流通，还实现了权益的公平分配，为各行各业带来了前所未有的解决方案。那么，区块链技术究竟将如何影响我们的工作与生活呢？接下来，让我们通过一系列生动而具体的应用案例，一探究竟。

1. 区块链在数字政务领域中的创新应用

（1）区块链 + 政务服务

项目名称：

区块链政务服务大厅运营支撑系统

问题描述：

在数字化浪潮中，区块链政务服务大厅运营支撑系统创造性地提出"还数于民（企）"新理念，创新"政务数据上链＋个人链上授权＋链上可信流转＋全程追溯监管"政务数据共享和业务协同新模式，实现了政务数据跨部门、跨系统、跨业务的可信共享和各部门业务协同办理，提升了业务办理的自动化、智能化水平，推动"一次办好"改革深入开展，大大提高了政务服务质量和水平，提升了群众和企业获得感、体验感和满意度。

在传统的政务服务中，证照、证明材料等政务数据的共享、提交一直是个难题。通过区块链技术，不仅解决了这些难题，还创新了数据共享模式。这个系统让各部门业务之间实现了在线协作、无缝对接，打破了"互联互通难、数据共享难、业务协同难"的困境。

解决方案：

那么，这个系统是如何运作的呢？首先，它以构建整体性数字政府为核心，以企业和群众眼中的"一件事"为主线，打造一条"区块链＋政务服务"数字政府联盟链。这就好比建立了一条专门的政务服务高速公路。然后，基于区块链的特性，建立起了可信数字证照、数字凭据。这就像是为每一个政务数据都发放了一张电子身份证，确保了其真实性和可信度。"区块链＋政务服务"平台业务流程，如图3-2所示。

更为方便的是，群众和企业在区块链上开设了加密数据资产账户。这意味着，证照、凭据等政务数据的产生记录、授权记录、使用记录、验证记录、状态等信息，都可以安全地存储在自己的区块链账户中。这样，这些数据就变成了群众和企业的"数据保险箱"中的数据资产。想象一下，有了这样的"保险箱"，办事将变得更加轻松。链上数字资产越丰富，办事就越容易。

最为关键的是，证照、凭据等数据资产，可以随时被群众和企业查看、申领，并在办事过程中自主授权使用。这种可查、可控、可信的模式，将传统的政务数据共享变为了基于区块链的可信授权传递。这意味着数字证照、数字凭据在各业务部门、各业务系统之间可以安全流转，监管部门还可以全程追溯监管。

该项目上线运行以来，支撑了500多个事项实施"一窗受理一次办好"、57个事项"不见面审批"和"秒批秒办"、50个面向企业的"一件事""一链办理"。两年来共办理事项3.2万余项，平均办理时间降低31%，材料数量减少23%。群众和企业只要通过手机端的"数字保险箱"应用，就可以轻松实现对自己数据资产的"链上自主授权使用"。这种模式创造了企业开办办理时间最短为35分钟、平均为116分钟的"高新速度"。

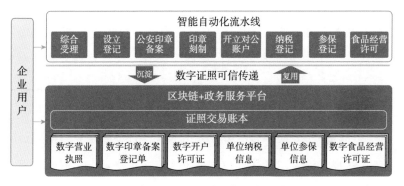

图3-2 "区块链 + 政务服务"平台业务流程

（2）区块链 + 行政执法

项目名称：

"区块链 + 公证"行政执法全过程记录项目

问题描述：

近年来，随着社会的发展，行政执法逐渐成为社会管理的一项关键工作。然而，在执行执法任务时，由于信息的不透明性和争议解决的烦琐性，行政执法领域亟须一种创新性的解决方案，以提高公开性、透明度和规范性。同时，传统的执法方式由于缺乏有效的记录和存储手段，很容易引起争议和误解，难以取信于公众。

解决方案：

该项目的核心在于利用定制的执法记录仪，将执法过程中的音视频信息及相关的数据，实时加密传输并固化到基于区块链的"公证链"网络云平台上。这一创新方式实现了执法全过程的跟踪记录、实时留痕和可回溯管理，极大地提高了行政执法的公开性和透明度，"区块链＋公证"技术架构如图3-3所示。

当发生争议时，行政执法单位可以随时在线申请公证。公证员可以轻松调取存储在云平台上的执法过程音视频，使用加密算法进行计算，将得出的数据与之前在区块链上获取的数据进行比对。在数据一致的情况下，出具具有极高公信力的证据保全公证书。这一流程不仅提高了争议处理的效率，也确保了证据的真实性和可信度。

该项目在规范执法行为方面发挥了重要作用。它有效提高了行政执法的公开性和透明度，进一步规范了行政执法行为，避免了随意性和不规范性。同时，利用公证公信力和区块链技术的双重背书，为行政执法单位及执法人员自证清白提供了强有力的保障。这不仅切实保护了行政执法人员的自身权益，还有效防范了行政执法风险。

此外，该项目在技术层面也取得了重大突破。它解决了原有电子证据系统工作站分布式存储的缺陷，保证了执法音视频上传过程的实时性和安全性。同时，通过加密算法，有效解决了执法全过程音视频记录对存储要求过高的问题，节省了相关开支。最重要的是，它避免了泄露当事人隐私的风险，实现了对个人隐私的合法保护。

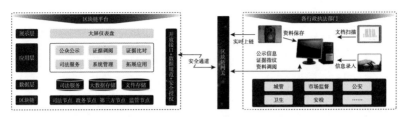

图3-3　"区块链＋公证"技术架构

（3）区块链＋司法服务

项目名称：

互联网法院——"天平链"项目

问题描述：

国内首个司法联盟链——"天平链"，旨在解决电子证据存证、取证和认证的难题，助力法官提高对电子证据认证效率，进而提升判案效率。把公平、公正的规则通过技术的力量嵌入到互联网业务中，推动网络空间治理法制化、完善社会诚信体系。

解决方案：

"天平链"采用区块链技术，使得电子证据的存证、取证和认证过程变得更加简便和可靠。对于互联网应用和普通用户而言，无论是大型平台还是个人，都可以通过"天平链"，以直接或跨链的方式将电子数据第一时间进行哈希值存证，确保数据的真实性和不可篡改性，大大简化了证据保存和验证流程。

"天平链"不仅是一个存证工具，还致力于建设涵盖司法服务生态、证据规则共治和诉讼快速验证等业务的司法信息共享体系。其中，电子诉讼系统是"天平链"的典型应用。当用户存证时，可以在"天平链"上直接存证，或者通过自有区块链跨链存证到"天平链"上，存证编号最终返回给用户保存。当涉及互联网法院管辖案件时，用户可以提交相应存证编号和原始电子数据，"天平链"后台可自动验证该电子数据的完整性和存证时间，这一过程不仅大大提升了法官对电子数据的采信效率，还使得案件审理更加公正、高效。"天平链"司法信息共享体系如图 3-4 所示。

　　"天平链"建设成果令人瞩目，截至 2024 年 1 月，已接入应用节点 24 个，完成了版权、著作权、互联网金融等 9 类 25 个应用节点的对接。上链的电子数据已超过 2.5 亿条，跨链存证数据量更是达到了数亿条。这些数字的背后，是"天平链"在解决互联网纠纷中发挥的巨大作用，许多案件在进入庭审前就已经得到了妥善解决。"天平链"实时公示页面如图 3-5 所示。

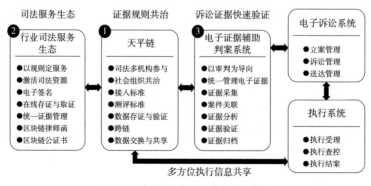

图 3-4　"天平链"司法信息共享体系

天平链实时公示

TIANPING BLOCKCHAIN REAL TIME PUBLICITY

打造社会影响力高、产业参与度高、安全可信度高的司法区块链

区块链一级节点数量	区块链二级节点数量	在线采集数据数	在线数据验证数
14	10	257365614	32428

司法链区块数据列表

区块高度	交易数	区块HASH	时间
50268129	4	8f448de6c6e79d562d20d27def54b1e2ad6b0e06e36c1cfd96c2dbbbc729a535	2024-01-14 21:41:23
50268128	4	27387115755cb6fd3ea23a8756c84a321d28765b342871e6f29ebdaf087cefff	2024-01-14 21:41:14
50268127	3	e503adc05c33c867a497f4f6e91d72912fc7ef2419c9a5cc6458807664420c773	2024-01-14 21:41:12
50268126	1	612a080f1244ff425308eefd62c9feeeb95dc3ab79d8930c4469e94a7cf950cf	2024-01-14 21:41:10
50268125	2	e407eb605af7bdd804cfdfd920f936094b95f1f875841c440e22ed5062bc10af	2024-01-14 21:41:02
50268124	2	d9fbbce5e4633269be280cdb454dd423e97da263ff710577d14bc4c003247663	2024-01-14 21:41:00

图 3-5　"天平链"实时公示页面

（4）区块链 + 公证服务

项目名称：

区块链存证平台公证应用系统

问题描述：

公证在社会中具有重要作用，包括服务、沟通、证明、监督等功能，维护人民合法权益、保障民商事交易安全、维护市场经济秩序，对创新社会治理起到重要作用。然而，在企业与企业的协作和沟通过程中，传统的线下公证服务流程效率低下，响应不及时，无法满足业务需求。法院对于电子数据的认证也存在一定的法律、法规限制。因此，如何实现公证服务的数字化、高效化和便捷化成为一个亟待解决的问题。

解决方案：

区块链存证平台公证应用系统是一个基于区块链技术的互联网存证和公证服务平台，运行界面如图3-6所示。在该平台上，省级公证处拥有管理存证平台节点的最高权限，其他参与存证系统的各级公证处均可对存证平台数据进行哈希验证，随时响应存证平台用户的公证申请，快速提供公证服务。

用户可以通过上传文件哈希值等保密信息，实现电子数据快速、安全、可信的存证，无须担心数据隐私泄露风险。用户可以随时选择线上提交公证申请，经公证处节点核对数据无误后即可获取公证书，提高了公证服务的效率和便捷性。

基于此平台，还开发出极具特色的区块链公证摇号系统，利用密码学随机算法和区块链技术产生安全随机数，实现摇号流程中各节点的实时查询、追溯、监管，保障了摇号的可公证性、透明性、可追溯性，从技术上对公平、公正做了进一步保障。该摇号系统已经被广泛应用于苏州市和天津市的楼盘购房选房、车位选择和学校招生等多个场景中，受到了用户和社会的认可和好评。区块链摇号系统应用项目如图3-7所示。

图 3-6　区块链存证平台公证应用系统运行界面

图 3-7　区块链摇号系统应用项目

2. 区块链在社会治理领域中的创新应用

（1）区块链＋智慧城市

项目名称：

雄安新区智慧城市建设

问题描述：

雄安新区，承载着国家战略使命的未来之城，自设立之初就致力于打造一座智能、创新的城市。作为智能城市基础设施的重要组成部分，区块链技术的开发与应用在雄安新区的建设中得到了广泛关注和实践。

解决方案：

雄安新区从设立伊始就积极营造创新容错发展环境，致力于深耕区块链应用领域，取得了多方面的技术创新成果。通过集聚国内区块链研发实力，包括一流高校以及领军企业等，雄安新区站在了区块链技术发展的前沿，为打造"智能之城"奠定了坚实基础。

面对万亿级规模的"新基建"，项目管理和资金监管变得十分重要，区块链大有作为。雄安新区通过深入挖掘和利用区块链技术的潜力，不仅优化了资金拨付流程、提高了工作效率，还为新基建项目的管理和监管提供了有力支持。

2018年8月，雄安新区上线了基于区块链技术的工程资金管理平台，所有与工程建设相关的资金清算管理工作必须通过区块链平台完成。"雄安区块链管理平台"承载了千年秀林工程、城市截洪渠工程、唐河污水库治理工程等，涉及千家企业，实现了对项目融资、资金管控、工资发放等方面的透明管理。借助平台的智能合约机制，确保农民工工资的及时发放，即使总包商或分包商出现问题，雄安集团也能直接将工资发放给农民工，为农民工权益提供了保障。

在供应链融资方面，2018 年 7 月，"区块链＋供应链"分包商融资业务在雄安新区落地。该业务以项目业主信用为基础，利用区块链平台数据溯源、行为规范、资金管理等功能，实现雄安新区基础设施建设项目业主、总包商、各级分包商之间合同签署、工程进度确认、资金支付、融资服务的穿透式管理，不仅为分包商提供融资支持，还加强了整个供应链的透明度和可信度。

雄安新区征迁安置工作启用了征拆迁资金管理区块链平台，用以防止征拆迁工作中容易出现的腐败和寻租问题，确保征拆迁资金拨付的透明、公正。征迁资金管理区块链平台对信息流、资金流实现了全生命周期溯源，保障了补偿资金及时准确拨付，拨付资金累计多达 7 000 余笔，总金额超过 100 亿元。

雄安新区正逐步成为区块链技术应用的引领者，其成功实践表明，区块链技术是推动智能城市发展的重要力量。随着技术的不断进步和完善，相信雄安新区将继续引领潮流，成为全球智能城市的典范。

（2）区块链 + 公益慈善

项目名称：

"区块链 + 数字捐赠证书"系统

问题描述：

在科技与慈善的交汇点上，"区块链 + 数字捐赠证书"系统应运而生。这一系统的核心目标，就是借助区块链技术的独特优势，提升慈善组织的公信力，增大其操作的透明度，从而推动整个慈善事业的健康发展。

解决方案：

"区块链 + 数字捐赠证书"系统利用区块链不可篡改和全程追溯的特点，实现慈善捐赠信息的电子化、可信存储、公开透明和全程追溯，让所有慈善参与者共同记账，并对捐赠物资、资金进行监管，进而提升慈善事业的公信力和发展水平。区块链系统为每一位捐赠者和每一家慈善机构创建了独立的区块链账户，确保每一笔捐助信息和每一个捐赠证书的真实、安全和永久保存。这意味着无论是对于捐赠者还是慈善机构，其信息都将得到有效保护，且可随时进行验证和追溯。"区块链 + 数字捐赠证书"系统业务流程如图 3-8 所示。

系统不仅提高了慈善组织的透明度，增强了其公信力，更为捐赠者提供了一种全新的体验。捐赠者可以轻松查看自己的数字捐赠证书，实时掌握捐款的使用情况，感受到自己的善举被尊重和珍视。这种互动性和参与感无疑将激发更多人参与慈善事业的热情。

更为创新的是，这些数字捐赠证书不仅可以为捐赠者提供证明，还可以与税务部门共享，作为抵税的有效凭证。这不仅简化了捐赠的手续，还为慈善机构后期的审计工作提供了强有力的支持。

最新数据显示，截至 2023 年年底，该系统已经成功为20 461 个捐赠主体生成数字捐赠证书。"区块链 + 数字捐赠证书"在全国范围内得到了认可，为区块链 + 公益慈善提供了宝贵的经验。

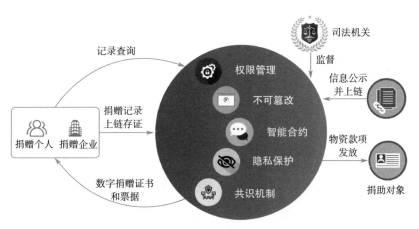

图 3-8　"区块链 + 数字捐赠证书"系统业务流程

（3）区块链＋乡村振兴

项目名称：

"金民链"信息服务平台

问题描述：

农村金融服务一直面临着信息不对称、数据采集难、风险控制不足等挑战，制约了农村经济的发展和乡村振兴。"金民链"是一个利用区块链技术为农村金融服务提供支持的创新项目，它通过整合政府部门、金融机构、农村主体等多方的信息数据，打造了一个安全、高效、智能的信息共享平台，为农村信用体系建设和乡村振兴发展提供了有力的保障。"金民链"业务架构如图 3-9 所示。

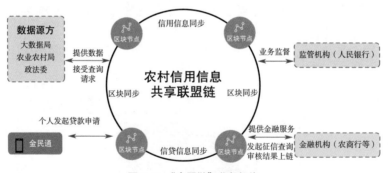

图 3-9　"金民链"业务架构

解决方案：

首先，"金民链"信息服务平台将 11 个政府部门的 200 余项涉农信息实现上链共享。这些信息包括户籍、车辆、婚姻、房产、社保、不动产登记、公用事业缴费等，为农村主体的身份认证、信用评估、风险控制等提供了可靠的数据支撑。

　　其次，为了解决涉农信息采集和更新难题，相关政府部门加强基层合作，利用网格员实现对 10 余万农户基本情况、异常事件、金融服务与管理等信息的实时采集，并通过"金民链"上链共享，保证了信息的及时性和准确性。

　　最后，人民银行联合国家发展改革委、农业农村局、金融监管局，将"金民链"数据应用与农村征信、评信、用信机制相结合，共同开展信用户、村、镇评定，评定结果上链共享。

　　"金民链"通过科技手段，成功构建了一个"链上＋链下"协同的农村金融服务体系，自 2021 年 9 月运行以来，推动了 20 家商业银行通过"授权查询"方式调用"金民链"上链信息，用于授信风控模型，创新推出了"助农贷""荷香快贷""商户快贷""共同富裕贷"等 53 个信贷产品，对外提供查询服务 47.2 万笔，累计帮助包括农村经济主体在内的 15 万户市场主体获得授信 192 亿元。与此同时，共评定信用村 749 个，信用镇 41 个，覆盖面分别达到 66% 和 74%，设立农户信用贷款风险补偿基金 500 万元，撬动银行信贷 5 亿元。

3. 区块链在金融征信领域中的创新应用

（1）区块链＋信用体系

项目名称：

长三角征信应用链平台

问题描述：

小微企业普遍存在财务制度不健全、会计信息失真、对外公开数据较少等问题，导致银行难以全面了解其真实的经营信息和财务状况。这种信息不对称给银行带来了较高的普惠金融业务信用风险，使得一些信用良好的小微企业难以获得贷款。传统的信贷审批流程烦琐，效率低下，无法满足小微企业的融资需求。因此，需要一个能够实时查询小微企业综合信息的平台，解决信息不对称问题，提高银行对小微企业的授信效率和准确性。

解决方案：

为了解决上述问题，长三角征信应用链平台应运而生，旨在实现长三角区域内征信管理机构互联、征信信息数据共享。该平台于 2020 年 12 月正式上线。

长三角征信应用链平台通过实时上链存证、多方数据共享等方式，打破了数据孤岛，使银行能够全面了解小微企业的信用状况。具体措施包括：

①依托区块链作为底层架构，搭建了包含监管部门、征信机构、金融机构等节点的应用平台。长三角征信应用链架构如图 3-10 所示。

②通过上链存储的方式，实现了机构间企业征信报告信息的互联互通，包括企业基本信息、经营信息、涉诉信息等。

③提供了非信贷数据的查询功能，如工商基本信息、税务

财报、纳税信息、银行信贷、专利信息等，增进了银行对企业信用状况的了解。

④优化了贷前审核、贷中决策和贷后管理全流程，提高了审批效率。

⑤实现了通过一次授权即可查询网络中所有征信数据的功能，避免了"多次授权，多头查询"的情况，提高了授信效率。

通过长三角征信应用链平台，银行可以在得到客户授权的前提下，实时查询小微企业的综合信息，包括工商基本信息、税务财报、纳税信息、银行信贷、专利信息、涉诉、行政处罚等多方面的数据。这有助于解决小微企业信息不对称的问题。在贷前审核环节，平台可用于企业借款准入、担保准入；在贷中决策环节，可支持差异化的授信方案；在信贷审批上，实现小微企业授信的在线实时审批，大幅提高审批效率；在贷后环节，可对存量业务进行风险预警，深化各业务场景应用，提升全流程综合风险管理能力。

这一项目的成功实施不仅推动了长三角金融经济一体化发展，还提高了金融机构的授信效率，降低了授信风险。通过全面描摹企业信用画像，为授信审核提供更准确、全面的参考依据。此外，该平台的成功运行还为其他地区提供了可借鉴的经验和模式，有助于推动全国范围内的征信体系建设和发展。

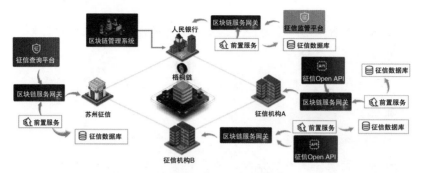

图 3-10　长三角征信应用链架构

（2）区块链 + 金融监管

项目名称：

某股权交易托管中心区块链项目

问题描述：

区域性股权市场在我国多层次资本市场中扮演着重要的角色，专门为特定地区的中小企业提供股权、债券转让和融资服务。然而，这些市场在运营过程中面临着诸多挑战，如数据安全风险、监管难题以及资源配置不平衡等。国内 34 个区域性市场已建立的信息技术系统各自为政，导致资源浪费和效率低下。此外，小微企业在股权交易和融资方面仍然存在信息不对称的情况，而监管手段相对传统，难以做到真实、准确、完整监管。如何解决这些问题，提升区域性股权市场的运营效率和公信力，成为亟待解决的问题。

解决方案：

某股权交易托管中心积极探索区块链技术在股权登记托管场景的应用，基于区块链建设的区块链项目，于 2020 年 9 月上线运行。项目构建的股权登记业务链系统架构如图 3-11 所示。该系统汇集了线上交易、非交易过户、股份质押冻结、司法冻结、股份解限售等交易及非交易信息，形成区域性股权市场交易报告库。挂牌企业的信息披露文件也通过数据存证的方式上链，进一步提高了市场行为的规范性和信息透明度。

更为重要的是，系统还与证监会的监管区块链实现了连通对接，使监管部门成为链上的一个重要节点。这意味着监管部门可以实时调用和监控所有的数据，使得监管工作更加透明和便捷。

这一创新不仅有助于提升区域性股权市场的运营效率，还将推动整个市场的融合发展。通过与其他金融基础设施的对接，构建并完善区域性股权市场区块链生态系统，实现资源集聚和共享，可以缓解资源配置不平衡的局面。比如，某地的资金多但企业少，而其他地区可能企业多但资金少，通过区块链技术就能实现资源的合理配置。同时，这一项目也推动了金融与科技的深度融合，提升了金融服务实体经济的能级，为防控金融风险提供了新的手段。

图 3-11 股权登记业务链系统架构

（3）区块链 + 供应链金融

项目名称：

大宗商品供应链金融应用平台

问题描述：

在传统的大宗商品交易供应链中，中小企业面临着融资难、信息不透明、融资成本高等问题。此外，供应链参与主体众多，信息不透明，追溯能力不足，增加了协作难度。传统融资工具如商业汇票、银行汇票存在使用场景受限、拆分难度大等弊端，导致供应链上各参与方的利益难以充分共享，中小企业融资难度难以降低。

解决方案：

国内某大型钢铁集团主导推出的大宗商品供应链金融应用平台，依托钢铁集团生态圈的业务场景，以区块链技术为底层支持，旨在实现核心企业优质资源与中小企业的分享，解决中小企业融资难、融资贵的问题。

借助区块链技术，传统供应链上的各种数据，如企业应收账款、生产订单、订货合同等，均可转化为数字资产凭证。这些凭证可以在区块链上完成流转、拆分、支付、兑现等操作，从而实现供应链金融的创新和优化。

利用区块链技术，项目中将传统供应链中的各种数据，如企业应收账款、生产订单、订货合同等，转化为数字资产凭证。这些凭证在区块链上可以自由流转、拆分、支付和兑现。应收账款融资流程如图 3-12 所示。在融资过程中，对于供应商（供应链上的中小企业）来说，他们可以通过应收账款融资的模式进行融资。具体来说，核心企业（供应链上的大型企业）可以在金融机构的支持下，基于自身的应付账款（欠供应商的款项）开立数字资产凭证，并承诺在凭证到期时还款。供应商则可以根据实际的贸易情况，使用这些凭证向上游企业支付货款，或者用这些凭证向金融机构融资。这种方式使供应商能够及时得到资金，无须等待核心企业的付款，从而缓解资金压力。

截至 2023 年年底，该大宗商品供应链金融应用平台已经服务超过 1 700 家企业，累计交易金额超过 1 000 亿元，最小贷款额度低至 3 800 元，最高贷款利率为 8%，这些数据充分证明该平台有效地实现了系统建设的初衷，增强了供应链上各参与方的利益共享，提升了核心企业的供应链活力与弹性，降低了中小企业的融资难度，金融机构也通过链上的可信数据降低了风险成本。项目的成功经验已成为行业内的典范，为其他企业提供了可借鉴的模式。

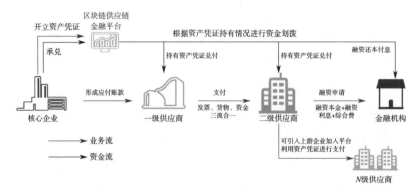

图 3-12　应收账款融资流程

（4）区块链＋电子发票

项目名称：

区块链电子发票系统

问题描述：

传统的发票管理系统在经济社会快速发展、商事活动频繁的背景下，面临着诸多挑战。一方面，发票使用量激增，使得传统的管理系统难以应对。另一方面，发票的开具、管理、流转等流程烦琐，给商家和消费者带来诸多不便。此外，传统发票还存在易伪造、重复报销等问题，增加了税收管理的风险。

解决方案：

2018年8月10日，世界上首个将区块链技术应用到发票管理领域的项目——区块链电子发票系统上线运行，实现了"交易即开票、全信息上链、全流程打通"的目标，提升了税收管理服务科学化、精细化和智能化水平。区块链电子发票开票流程如图 3-13 所示。

这一系统以"让用票更简单"为愿景，基于纳税人需求和发票服务方面的痛点，结合"放管服"的核心内涵，体现了两大理念。一是"还开票权给纳税人"，让纳税人按需开票，不受量与额的限制；这意味着纳税人可以根据自己的需要自由开具发票，不受数量和金额的限制。这一改变极大地简化了发票开具的流程，减轻了纳税人的负担。二是"发票资产化、数据价值化"，这一理念将发票流、资金流、货物流等信息整合到区块链上，实现了全流程的打通。

借助区块链技术的独特优势，该系统在发票管理方面实现了许多突破。一方面，通过将发票流、资金流、货物流等信息上链，增加了业务造假的难度，降低了发票虚开风险。这有助于提高税收管理的效率和公正性。另一方面，以区块链为底层、以开票能力为纽带，构建了现代化的税收治理体系。这一创新性的模式有助于提升税收管理的科学化和精细化水平。与此同时，发票不仅是纳税人经营活动的凭证，同时在税收服务和管理、企业间建立经营合作关系、银行融资贷款等社会经济活动中，还逐渐成为纳税人的重要信用资产，发票数据的价值随着数据应用的深入和扩展也在不断得到提升。

区块链电子发票系统还为企业和个人带来了诸多便利。对于企业而言，该系统简化了开票流程，提高了开票效率。企业开票时间从原来的数日缩短至数小时,极大地提高了企业的运营效率。同时,涉税服务流程也得到了精简,为企业节省了大量的时间和成本。对于消费者而言,该系统提供了更加便捷的开票方式。消费者可以随时随地在手机上自助开票,无须排队等待或向商家索取发票。此外,开具的发票可以方便地插入微信卡包或发送至电子邮箱,使消费者能够更加方便地管理和使用发票。

截至 2021 年年底,该区块链电子发票系统累计开票超 5 800 万张,日均开票超 12 万张,累计开票金额近 800 亿元,覆盖零售、餐饮、交通、房地产、医疗、互联网等百余个行业领域,接入企业超过 3.2 万家。这一创新举措为税收管理带来了显著成果,也为全球税务领域的发展树立了标杆。

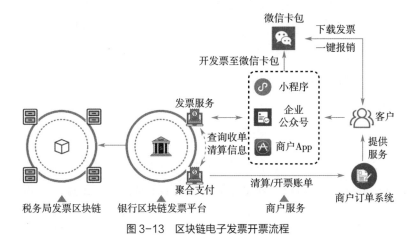

图 3-13 区块链电子发票开票流程

4. 区块链与数字经济的创新结合

（1）区块链 + 航运物流

项目名称：

航运区块链存证平台

问题描述：

航运业涉及多个参与方，如货主、船东、货物代理、保险、港口、海关等，需要处理大量数据和文档。这些数据在传输、存储、审核、归档等过程中存在信息不透明、容易被篡改、信任成本高和效率低下等问题。航运业务不但参与方众多，而且运输流程长且复杂，导致效率低下。国外航运业已经开始布局区块链应用，国内也应研究相关解决方案。

解决方案：

2019 年，国内某大型航运企业，推出了国内首个航运区块链存证平台。该平台借助区块链技术，成功实现了对航运理货报告和航运保险数据的存证、公示和追溯。航运区块链存证平台如图 3-14 所示。

航运区块链存证平台通过存证、公示和追溯技术，解决了航运数据在录入、存储、审核、归档等过程中容易被篡改、可信性受质疑的问题。这不仅提供了创新有效的管理手段，提升了数据的安全性和可审计性，还减少了多方审核环节，提高了管理效率。

平台还将区块链的智能合约和公共账本技术引入到供应链中，实现了供应链上所有企业数据的存证、共享和协作。企业可以按需存证，自动记录、验证、同步，且数据不可篡改，极大地提升了市场的信息化、规范化、透明化运作程度。通过区块链技术，各方关键业务数据的存证和共享可信度得到提升，降低了业务方之间的信任成本，优化了流程，提高了效率。

航运区块链存证平台为航运业带来了创新性的解决方案，解决了信息不透明、数据易被篡改、信任成本高和效率低下等问题。通过结合区块链技术的特性和海运企业的行业经验，该方案实现了数据的安全存证、共享和协作，优化了业务流程，提高了管理效率和业务效率。这不仅推动了航运业的数字化转型和升级，也为其他行业提供了宝贵的借鉴经验。

图3-14　航运区块链存证平台

（2）区块链 + 跨境贸易

项目名称：

TBC 区块链跨境贸易直通车

问题描述：

作为全球商业的重要环节，跨境贸易涉及的参与方众多，环节复杂，贸易业务、金融、物流、海关、税务、外汇管理等各方都有自身关于数据安全和商业隐私的考虑。这就导致各参与方没有强烈的意愿和动力去分享自己的数据，"信息孤岛"现象非常严重。

由于各方的信息化水平不同，基于数字化的可信关系尚未建立，供应链条整体运行效率低下，综合成本居高不下。这些痛点不仅影响了通关便利化，也制约了营商环境的改善。

解决方案：

2019 年 4 月，TBC 区块链跨境贸易直通车顺利启用，率先实现全球第一个国家、全国第一个城市、全国第一个地方关区，将区块链应用于跨境贸易全流程的尝试。

TBC 区块链跨境贸易直通车的所有参与方连接到一个联盟链上，通过加密技术、分布式记账、共识机制等，实现了数据的安全、有序共享和数字化协同，业务流程如图 3-15 所示。该项目将跨境贸易的交付过程分为 10 个环节，从签订合同到缴付关税，每个环节都会产生关键数据，如品类、数量、价值、重量、单位、物理性状等。这些数据被加密上传到区块链上，在点对点传输过程中，自动对所有的关键信息进行比对，形成共识后将该交易信息分布存储在所有节点上。这样，就可以避免赔付、贷款、交税等环节产生的差异，形成对可信数据的一致性认可，一旦出现问题，即可实现可追踪、可确责。

在3个月的试运行期间，该项目发生贸易总货值达1 800万美元，关税额超过2 500万元，被评为2019可信区块链峰会"15佳高价值案例""2019网络可信服务典型应用案例""2021全球区块链创新应用示范案例""中国工程院区块链创新应用案例"。目前，项目已经在天津、威海、南京等地应用于不同的业务场景，如平行进口车、跨境寄递、综合保税区业务数字化协同监管等，为各方提供数据安全、有序共享和业务数字化服务。

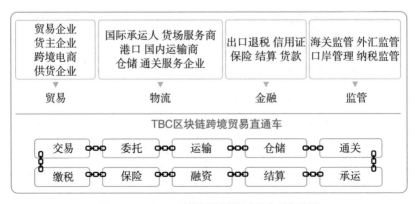

图3-15　TBC区块链跨境贸易直通车业务流程

（3）区块链 + 能源电力

项目名称：

基于区块链的冬奥绿色电力交易及溯源关键技术与应用

问题描述：

在冬奥会这样的大型国际赛事中，对于绿色、清洁能源的使用是一个国家环保理念的重要体现。在冬奥绿色电力的使用过程中，存在数据共享链条长、环节多、跨区电力数据协作复杂等问题，这给绿色电力的追溯和证明带来了不小的挑战。如何确保绿色电力数据的真实性和可信性，成为摆在面前的一道难题。

解决方案：

基于区块链的冬奥绿色电力交易及溯源关键技术与应用项目实现了冬奥绿色电力从生产到消纳的全流程数据上链和可信验证，为奥运史上首次实现所有场馆 100% 使用绿色电力提供了支持。

该项目通过集成电力营销、调控、交易等业务系统，获取冬奥绿色电力全链条关键环节的原始信息，并以区块链多方共识、不可篡改等技术特性为基础，将这些信息存储在"国网链"上，形成一个安全、可靠、透明的数据账本。这样一来，实现了对冬奥绿色电力来源、结构、传输、使用等溯源信息的可信、实时、多维度可视化展示，让公众和社会监督机构可以随时查看和验证冬奥绿色电力的真实性和完整性。基于"国网链"的绿色电力交易平台技术架构如图3-16所示。

此外，该项目还通过区块链智能合约技术，以数据之间的逻辑比对关系为规则，构建了"绿色电力100%证明"智能合约功能模块，消除了人为干预因素，为冬奥场馆出具了基于区块链的绿色电力消费凭证，让冬奥绿色电力100%供应承诺有迹可溯、有数可查、有据可证。

在冬奥会期间，该项目共计支撑了10个批次共计7.8亿千瓦时的绿色电力可信溯源，节约用煤25万吨，减排二氧化碳62万吨，为我国政府100%绿色办奥运做出了积极贡献。

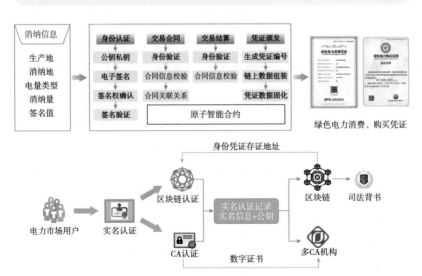

图3-16 基于"国网链"的绿色电力交易平台技术架构

（4）区块链＋双碳管理

项目名称：

"能源碳链"——基于区块链的碳资产管理服务平台

问题描述：

在全球气候变化的背景下，碳排放管理显得尤为重要。这项管理工作涉及多个方面，包括对数据的监测、核查、交易等，旨在控制温室气体的排放，减缓全球变暖。然而，在实际操作中，碳排放管理面临着诸多挑战，如数据不一致、不透明、不可信等，这些问题无疑增加了碳市场的风险和不确定性。

解决方案：

为了应对这些挑战，"能源碳链"应运而生。这是一款基于区块链的碳资产管理服务平台，巧妙地利用区块链技术，为碳排放数据提供了一个安全、可信的存储和分析环境。

"能源碳链"如何发挥作用呢？它通过数据采集、数据管理、智能合约等技术手段，确保了碳资产数据的真实性和可信度。这为政府、企业、监管机构等提供了强大的支撑，使得碳排放数据的存储、分析、核查、追溯等操作变得更加可靠。

更为独特的是，"能源碳链"还为企业提供了一个名为"能耗碳码"的辅助凭证。这个凭证基于企业的能耗数据，经过一系列算法转化，能够真实反映企业的碳排放量。有了这个凭证，企业可以更加清晰地了解自身的碳足迹，进而做出更合理的碳管理决策。

此外，"能源碳链"还能为政府监管机构提供决策依据。它通过对各类发电企业、用电企业碳排放数据的统计和分析，推算出碳排放量的合理区间，形成行业碳排放分析报告。这不仅有助于企业更好地管理自身的碳账本，还为政府在分配碳配额时提供了科学依据。

河南省的183家能源企业已经率先尝试了"能源碳链"的应用。实践证明，这一平台能够实现碳排放数据全环节覆盖认证，降低管理成本，提高数据可信度。更重要的是，它为碳排放预警提供了新的模式，使相关企业能够实时掌握碳排放及碳减排指标的波动情况。

"能源碳链"是数字技术与绿色技术的完美结合，为碳资产管理领域带来了革命性的创新。它不仅提高了碳市场的管理效率和规范性，还增强了市场的竞争力。我们有理由相信，"能源碳链"将成为实现双碳目标的重要推动力，引领我们走向一个更加绿色、可持续的未来。

5. 区块链在民生领域的机遇和挑战

（1）区块链＋医疗健康

项目名称：

"鲁医链"——基于区块链技术的电子处方流转平台项目

问题描述：

在医疗领域，医保经办机构与医疗机构之间存在信息不对称的问题，导致大量关键信息无法实现共享，无法满足日益增长的医疗保险监管需求。这种信息孤岛现象不仅影响了医疗服务的效率，还可能引发医疗资源的不合理分配。如何打破信息壁垒，实现数据的有效共享和监管，成为一个亟待解决的问题。

解决方案：

某银行携手医疗机构，推出基于区块链技术的电子处方流转平台，即"鲁医链"项目，解决了医保监管中信息不对称、医疗资源利用效率低下等问题。该项目整合了线下医院、互联网医院、医保局、药厂、物流、药店、银行等核心机构，构建了一个全面覆盖医疗、医保、医药等多领域的区块链医疗联盟生态圈，实现了医疗数据的可信共享、交易和追溯，为医疗保障的创新提供了技术支撑和平台载体。

"鲁医链"项目实现了线下医院与互联网医院的电子处方安全流转，并拓展了平台支付结算、药品配送、药品溯源、监管统计等业务功能。"鲁医链"业务功能如图3-17所示。对医院来说，通过链上电子处方开立，可以大大减少慢性病患者的就医频次，节省大量医疗资源；对医生来说，可以建立区块链处方模板，相同病症直接调用，历史处方可以用作医学研究，提升疾病的治愈率；对患者来说，可通过在线远程医疗复诊，并自主选择到医院、药店取药或者物流配送；对药店来说，作为参与方可以获得大量医院分流的患者，提高客流量，同时可提高与药厂议价的能力，促进相关保健品的销售；对医保局来说，作为监管机构可以实时获取监管信息，实现监管穿透化。

该项目已经成功推广至山东省多个地区，涉及数十家公立医院。它不仅节省了慢性病患者约90%的线下就医时间，还拓展了医保局、医疗保险事业中心15个机构账户，覆盖了16个地市异地支付业务。这些实际成果充分证明了"鲁医链"项目的可行性和优越性，为未来的医疗保险改革提供了宝贵的经验和借鉴。

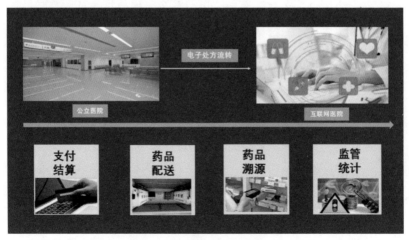

图3-17 "鲁医链"业务功能

（2）区块链 + 教育培训

项目名称：

区块链选课联盟系统

问题描述：

随着信息化技术的发展，教育领域的数据管理面临诸多挑战。学生信息、成绩数据等在录入、存储、审核、归档过程中，存在易被篡改、可信度受质疑的问题。传统的数据管理手段难以满足教育机构对数据安全性和真实性的高要求。另外，各高校间的课程共享、学分互认等操作也受到数据不互通、不互信的限制，导致资源利用率低下，妨碍了教育公平，影响了教育质量的提升。

解决方案：

区块链选课联盟系统是区块链技术在教育领域的典型应用之一。项目基于区块链技术，围绕人才培养的全生命周期进行改革，覆盖数据的采集、保存、利用、共享、移交、销毁等环节，采用数据指纹、分布式存储、可信共识、字段级加密等技术手段，促进人才培养数据的安全体系和共享机制建设。

该项目将学校的招生、教务、学工、就业等数据上链，实现数据的分布式存储、加密保护、可信共识和可视化管理。该项目旨在解决学生学业成绩等信息在录入、存储、审核、归档等过程中存在的问题，不仅创新了管理手段，提升了数据的安全性和可审计性，还减少了审核流程，提高了管理效率。区块链选课联盟系统架构如图3-18所示。

项目可以快速对接其他高校已有平台，或根据实际需求开发业务系统，各个学校绑定唯一的区块链账户，作为其区块链身份标识。以各高校作为节点，将相关数据存储在区块链上，实现数据在节点间同步，各个学校可快速查询所需数据。联盟高校之间实现课程共享和学分互认，学生可以根据个人兴趣爱好选修其他高校优质课程，提高了高校间资源的利用率。系统目前包含6个高校节点，区块链高度达40 441，上链总数据7 736 570条，其中学生信息数据147 345条，学生成绩数据7 497 320条，毕业生数据40 696条。这一项目的成功实施，不仅展示了区块链技术在教育领域的应用潜力，也为其他行业提供了有益的参考和借鉴。

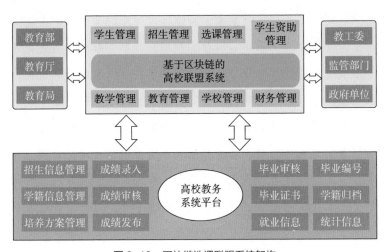

图3-18 区块链选课联盟系统架构

（3）区块链 + 食品溯源

项目名称：

区块链有机食品溯源平台

问题描述：

随着生活水平的提高，人们对食品安全和品质的关注程度也日益增强。由于种植环节多且复杂，有机食品认证容易受到伪造，消费者难以追溯有机食品的来源和品质。在这样的背景下，如何确保有机食品的真实性和可追溯性成为一个亟待解决的问题。

解决方案：

区块链有机食品溯源平台利用区块链技术的去中心化和不可篡改优势，实现有机产业链全流程真实信息透明、共享。有机食品生产、运输、分销、销售等各个环节的工作人员实时记录自己的工作情况，将育种、施肥、浇水、除草、采摘、流通等信息全流程写入区块链，形成一条有机食品溯源链。区块链有机食品溯源业务流程如图3-19所示。通过透明的有机食品溯源链，质量监管人员可以实时监管有机食品种植过程，更好地把控有机食品质量水平。

生产过程中，每一件有机食品都会生成唯一的溯源码，印刷在商品的包装或单独的卡片上。消费者可以通过扫描溯源码，查询全流程信息，了解商品的品质和来源。消费者在购买商品后，可以提交购买信息，获得溯源积分奖励。这些积分可以用来兑换其他商品或服务，也可以出售给商家，形成一个良性的循环。

这一项目的实施具有多重好处。首先，维护了消费者权益。通过区块链溯源，消费者可以通过简单的扫码了解产品全流程信息，选择真正无污染、纯绿色的有机产品。其次，提升了品牌公信力。每个产品都赋有区块链溯源码，消费者通过扫码可以获取完整信息，从而提升对产品品牌的信任度。最后，提高了企业的利润。企业无须花费大量时间、财力、人力成本去调查、监管产品的销售状况，只需查看链上信息就可以追踪全部产品的去向，根据消费者的反馈进行优化生产方案，降低监管成本，提高经营利润。

通过这一区块链溯源平台项目的实施，有机食品产业链实现了透明化、一体化，解决了有机品牌信任度有待提升、产业链信息难以共享等问题，为有机产业的数字化变革升级提供了有效手段。这一项目的成功实践不仅推动了有机农业的发展，也为食品安全和品质保障提供了可靠的解决方案。

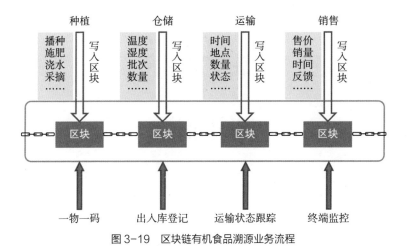

图 3-19　区块链有机食品溯源业务流程

第**9**课

创新驱动

1. 区块链技术在重大技术革新中的价值

（1）区块链技术的创新性和前沿性

作为 21 世纪的科技新星，区块链技术正以其独特的魅力引领着数字社会的变革。它以去中心化、不可篡改的特点为核心，挑战了传统的信任机制。通过共识算法与密码学的完美结合，区块链创造了一个无须信任的网络交互环境，改变了数据存储、交换价值的方式。

数据不再是集中在某个中心化的服务器上，而是被安全地分散保存在网络中的多个节点上。这种分布式存储方式确保了数据的真实性和不可篡改性，为各行各业带来了前所未有的安全保障。同时，它也为我们提供了一个全新的视角来看待数据的价值。通过加密货币的方式，数据不再是静止无生命的资源，而是变成了可以流通、交易，甚至产生收益的资产。这无疑为数据的价值化开辟了新的道路。

最令人兴奋的是，区块链技术的跨界融合能力。无论是金融、物流、医疗还是教育，甚至是新兴的互联网、大数据和人工智能领域，区块链都能与之深度结合，创造出前所未有的产业形态和商业模式。

区块链更有望打破数据孤岛，实现全球范围内的数据流通和共享。这不仅将加速各行业的创新和转型，更有可能引领从信息互联网向价值互联网的重大转变，引领社会和经济的跨时代变革。

（2）区块链技术在重大技术革新中的作用

在数字时代的浪潮中，区块链技术无疑是一股强大的推动力。它不仅在应对信任和安全问题上表现出色，还在加速传统产业的数字化进程中发挥着不可或缺的作用。

区块链技术能够提升数据的安全性和可信度。区块链技术通过一系列复杂的加密算法、共识机制和时间戳等技术手段，确保数据一旦被记录就无法被篡改，从而大大提高了数据的可信度和安全性。这对于许多行业来说是至关重要的，比如金融、医疗和政府机构等，区块链的出现，仿佛给数据加了一把坚固的锁，大大提升了数据的安全性和可信度。

不仅如此，区块链技术还为数据的高效流通打开了新的通道。它通过点对点的方式，省去了中间环节，让数据传输更加快速、便捷。而智能合约的引入，则让数据的处理和交易变得更加自动化，减少了人为的干预和误差。

更令人振奋的是，区块链技术还赋予了数据新的价值。现在，数据不仅是一种资源，更是一种可以流通、交易、投资的资产。这无疑为数据的价值化开辟了新的道路，催生出许多新的商业模式和创新机会。

（3）区块链与大数据、人工智能的协同创新

区块链、大数据和人工智能之间的协同创新，可以被视为数字化世界中生产关系、生产资料和生产力的完美结合，三者关系如图 3-20 所示。

区块链的不可篡改性和去中心化特点，使其成为数据交换和存储的重要基础，犹如生产关系中的组织形式，确保了数据的可靠性和安全性。它打破了传统中心化的束缚，使得数据的交换和共享更加公平、透明，进而激发了全新的价值创造与分配模式。

图 3-20　区块链、大数据和人工智能关系图

大数据作为丰富多样的信息资源，类似于生产资料，为这一创

新过程提供了源源不断的动力。海量的数据资源经过精心分析和挖掘，释放出前所未有的价值。在区块链的加持下，这些数据不但更加真实可靠，而且能够实现更加高效、安全的流通与利用，为人工智能提供了丰富的素材。

人工智能则扮演着生产力的角色，通过强大的智能处理能力，加速数据分析和应用的过程，使得区块链和大数据的结合更具深度和广度，在更广泛的领域发挥更大的作用，推动社会生产力实现质的飞跃。

因此，区块链、大数据和人工智能的融合与协同创新，不仅在技术领域产生了深远影响，还引领着数字化时代的变革与发展，促进着社会生产力的不断提高，为我们创造一个更加智能、高效、公平的未来。

2. 区块链技术在数字资产与数据资产领域中的创新

（1）区块链技术在数字资产领域中的创新作用

数字资产是指以数字形式存在的、具有价值的资产，如数字货币、数字证券、数字版权等。在数字资产的世界里，区块链技术就像一个神奇的魔法师，为我们的数字生活带来了无数的变革和可能性。它不仅助力数字货币的繁荣，还在数字版权、数字身份认证等领域展现出巨大的潜力。

区块链技术赋予了我们创造和发行数字资产的能力，通过智能合约实现数字资产的创造和发行，为数字经济注入了新鲜的血液。

这不仅拓宽了我们的投资渠道，还催生了一系列新的商业模式和经济活动。

更重要的是，区块链技术的核心特性确保了数字资产的安全性和可信度。加密算法、共识机制、时间戳等技术的巧妙结合，使得数字资产一旦上链便不可篡改、可追溯、可验证。这意味着我们的数字资产安全得到了坚实的保障，可以放心地进行交易和存储。

此外，区块链技术还为数字资产的应用场景和商业模式带来了无限的创新空间。无论是数字版权交易、数字艺术品交易还是数字身份认证，区块链都可以发挥其独特的作用。它确保了数字资产的确权、分配和激励，保护了所有者和使用者的权益，推动了数字资产的公平共享。

（2）区块链技术在数据资产领域中的创新作用

数据资产是指由个人或组织合法拥有或控制的，能够带来经济利益或社会效益的数据资源，如个人信息、企业数据、社会数据等。在当今数字化时代，数据资产已成为重要的生产要素，为各行各业提供智能化、数字化的支撑和服务。作为新兴的前沿技术，区块链技术在数据资产领域有着广阔的应用前景。

一方面，区块链技术能够提高数据资产的安全性和隐私性。通过采用加密、共识、智能合约等手段，确保了数据资产的完整性、真实性和保密性。这意味着数据资产不会被篡改、泄露或滥用，增强了数据资产的信任度和价值度。这为个人和企业提供了更高级别的数据保护，使他们更愿意共享和利用数据资产。

　　另一方面，区块链技术有助于拓展数据资产的应用场景和商业模式。通过数据资产的确权、分配、激励等方式，区块链实现了对数据资产的自主控制和合理分配。这不仅保护了数据资产的权益和效益，还促进了数据资产的公平和共享。同时，区块链技术还催生了新的数据资产应用场景和商业模式，如数据交易、数据共享、数据市场等。这为数据资产的流通和利用提供了更多的可能性和便利性，进一步推动了数据经济的发展。

　　在未来，随着区块链技术的不断发展和完善，我们有理由相信，它将在数据资产领域发挥越来越重要的作用，为数字社会的发展注入新的活力。

3. 区块链技术在产业革新中的作用

（1）重构产业信用体系

　　在市场经济中，信用体系扮演着至关重要的角色。它就像一座桥梁，连接着企业与商业合作、投资决策。但传统的信用体系存在不少问题，如信息不完整、不及时、不准确等。这时候，区块链技术闪亮登场，为信用体系的重构带来了希望。

　　通过去中心化的方式，区块链技术帮助我们摆脱了对中心化机构的依赖。它降低了信用体系的维护成本，减少了人力和物力资源的消耗，使整个体系更加高效。更重要的是，企业可以自主记录和上传信用信息，利用网络共识机制验证和更新信用信息，确保信息的准确性和实时性。同时，密码学技术为信用信息的安全和隐私提供了坚实的屏障，智能合约技术自动执行与信用相关的业务规则，分布式分类账技术则实现了实时共享和查询。区块链技术可以提高信用信息的质量和可用性，降低信用体系的运行成本，提高信用体系的信任度和透明度，从而促进产业的合作和发展。

（2）重构产业多方协同模式

在当今的数字化时代，产业合作与多方协同已成为推动经济发展的重要动力。传统的协同模式通常需要中心化的机构来协调各方之间的合作，并且往往需要耗费大量的人力和物力资源来维护此种协同模式，合作效率低下、成本高昂。此时，区块链技术闪亮登场，为产业协同带来了全新的变革。区块链技术采用了去中心化的方式来协调各方合作，从而降低了维护成本。同时，它保证了协同信息的安全性和可靠性，通过加密、共识等机制，确保信息不被篡改、泄露或滥用，提高了协同效率，避免了信息泄露、篡改等问题。这样一来，企业可以更加便捷地进行多方协同，实现业务目标。

区块链技术通过引入智能合约，将企业合作的各环节编码并实现自动执行，这意味着交易成本大大降低，合作效率得到显著提高。同时，这种拥有高度灵活性的多方协同模式使得产业链连接更加紧密，加速了整个产业的协同创新。

（3）实现数字资产与数据资产的可信流通

在数字资产和数据资产的世界里，区块链技术就像一座坚实的桥梁，连接着可信的流通。它利用智能合约和分布式账本技术，使数字资产的转移变得高效可靠，数据资产的流通更具可追溯性和透明度。

　　传统的数字资产和数据资产流通方式常常依赖于中心化的机构，这不仅增加了维护成本，还可能带来信息安全风险。而区块链技术通过去中心化的方式，降低了维护成本，并确保了数字资产和数据资产的安全性和可靠性。这为企业提供了更大的便利，使它们可以更自由地进行流通，从而实现更高效的业务目标。

　　更值得一提的是，区块链技术有助于解决产业链中的信息不对称问题。在数字经济时代，信息的准确性和可信度对于企业的决策至关重要。区块链技术的透明、可追溯特性为企业提供了可靠的依据，使它们可以更加安全地使用数字资产和数据资产。

数字未来篇

　　自 20 世纪下半叶以来，信息技术革命给我们生活的世界带来了翻天覆地的变化。2010 年至今，移动互联网的普及让我们的生活、学习、工作方式变得前所未有的便捷、高效和互联。一个热门表情包、一个热门视频、一家"网红"餐厅，各种各样的网络热点，在不到 24 小时内就会出现在全球数十亿移动互联网用户的手机屏幕上。世界从未如此紧密地联系在一起。

　　当然，这样的发展并不是一蹴而就的。自 1989 年万维网被蒂姆·伯纳斯·李（Tim Berners-Lee）发明以来，互联网技术一直在不断发展，给世界带来的影响也在不断扩大。到了 2004 年前后，互联网进一步发展到了 2.0 时代，人们可以自由地通过网络进行互动。如今，得益于区块链技术的发展与普及，加之人工智能等技术的有力支持，一种全新的互联网范式——第三代互联网已经初现端倪。

数字未来篇分为三个部分，简要介绍互联网时代的发展历程，帮助读者理解区块链在第三代互联网发展中不可或缺的重要基础作用，以及在区块链技术的帮助下，我们身处的世界可能发生的各类变化。首先，我们将从互联网时代的发展历程出发，介绍区块链如何助力第三代互联网发展，以及帮助定义和塑造第三代互联网时代的关键特性。其次，介绍在区块链技术的帮助下，各行各业如何创新其业务、产品、管理模式，提高生产率，推动商业创新。最后，介绍目前全球范围区块链与第三代互联网的相关进展，着重介绍了我国各类政策及行业发展动态，以及区块链与第三代互联网领域的相关趋势。希望能够通过这一篇的内容，帮助读者从一个更大的视角了解区块链带来的深刻变革。

区块链助力第三代互联网发展

1. 互联网时代的演进

互联网时代的发展历史是一段跌宕起伏的旅程，它见证了人类社会从信息孤岛向全球互联的飞跃。20世纪末，互联网的崛起彻底改变了我们的生活方式，从沟通到信息获取，再到商业和娱乐，各个方面都经历了翻天覆地的变革。

初期的互联网（1989—2004年），被形象地称为Web1.0，主要以静态网页为主，信息传递单向，用户角色被限制为信息的被动接收者。这一时期的互联网如同一座信息的展示厅，用户在其中自寻所需，但参与度和互动性有限。

随着技术的不断发展，我们进入了Web2.0时代（2004—2010年），即互联网的社交时代。社交媒体、博客和在线互动平台的兴起使用户能够创造、分享内容，并在网络上建立更加紧密的社交关系。互联网逐渐演变为一个巨大的社群，信息传递不再是单向的，而是通过用户之间的互动和分享形成了更加复杂、丰富的网络生态。

　　然而，Web2.0 时代也暴露出了一些问题，如过度中心化的数据管理、个人隐私泄露的风险等。正是在这一背景下，区块链技术悄然走入人们的视野，为互联网的下一个时代——第三代互联网（2020 年至未来）的崛起铺平了道路。

　　什么是第三代互联网呢？以太坊联合创始人加文·伍德（Gavin Wood）在 2014 年首先提出了第三代互联网（Web3.0）的概念。他认为，Web2.0 生态是一个集中化的生态，用户需要与大的"品牌"以及监管者建立信任，但这样的信任建立过程并不完美，甚至可能存在漏洞。因此，有必要基于区块链技术打造新一代的互联网，让用户可以"少些相信，多些事实"。在这样的第三代互联网中，用户将具有"可读 + 可写 + 可拥有"的权利。据行业人士预测，Web3.0 生态与应用将在 2025 年后引来爆发式发展。互联网时代演进如图 4-1 所示。

图 4-1　互联网时代演进

　　第三代互联网不再满足于简单的信息传递和社交互动，而是迈向了分布式、用户掌控的新时代。区块链技术作为其关键支撑，为用户提供了更大的数据掌控权和安全性。通过分布式账本技术，信息不再集中存储于某一中心，而是被分散存储于网络的每个节点，确保数据的透明、安全、不可篡改。

科技创业者兼投资人克里斯·迪克森认为，第三代互联网是"用户与建设者拥有并信任的互联网"，其特点包括：①赋予用户自主管理身份；②赋予用户真正的数据自主权；③提升用户在算法中的自主权；④建立全新的信任与协作关系。

第三代互联网将互联网重新定义为一个价值传递的平台，用户不再只是信息的消费者，而更加是参与者和创造者。数字身份、数字资产的概念进入人们的视野，用户可以更加安全、自主地管理自己的数字足迹。这一转变使得互联网从"信息互联"迈向"价值互联"。在第三代互联网时代，个人和社会的权益更加受到保障，分布式的特性也为社交、商业、文化等方面的创新提供了更加广阔的空间。从数字艺术品交易到新型商业模式的孵化，第三代互联网正为我们构建一个更具包容性、安全性和创新性的数字未来。

当然，第三代互联网也面临着许多挑战。例如，在加密数字货币和 NFT（非同质化代币）市场都出现了炒作、洗盘等市场操纵行为，而在社群中也出现许多黑客攻击等事件。在去中心化网络中，数字身份的匿名性特点也导致了监管、审查上的困难。此外，第三代互联网相关技术还有待进一步发展。在目前的技术条件下，分布式系统的计算效率与中心化系统相比还存在劣势，在分布式账本上存储数据的成本也相对较高。据哈佛商业评论 2022 年估计，在分布式账本上存储 1 兆字节的数据可能需要花费数千甚至数万美元，此外还会因为加密计算产生难以计量的能源消耗。与此同时，虽然数学意义上的可能性极小，但存储在区块链上的数据也依然存在加密算法被破解后从而泄露的风险。

互联网的演进是一个不断创新的历史过程，而区块链技术的引入为这一演进赋予了新的动力和可能性。我们正站在数字时代的分水岭上，期待着在区块链技术的引领下，第三代互联网带给我们更多的惊喜。

2. 区块链技术与第三代互联网

现在，我们正站在信息技术革命最新一阶段的萌芽阶段。第三代互联网正在不断演进发展之中，它的崛起标志着互联网的演进迈入全新的阶段。

从 Web2.0 到 Web3.0，其核心变化在于对互联网的重新定义，不再仅仅是信息的传递和社交互动，更是一场关于价值与信任的革命。在 Web2.0 时代，用户是信息的消费者，社交的参与者，但掌握信息和决策的权力仍然集中在少数互联网巨头手中。这种中心化的架构会带来数据泄露、隐私忧虑等问题。第三代互联网打破了这种过于集中的模式，将用户置于更加自主、安全的地位。区块链是第三代互联网的基础，代表着商业和社会生活向"价值互联网"的过渡。区块链技术是第三代互联网不可或缺的支撑，其分布式、透明、不可篡改的特点为第三代互联网提供了最基本的技术底座。在第三代互联网时代，区块链技术发挥着至关重要的角色，涉及分布式账本、智能合约等多个方面。

分布式账本是区块链的基石，确保数据的去中心化存储。与传统的中心化数据库不同，区块链中的数据分布在网络的每个节点上，任何人都可以验证和访问，保障了数据的透明性和不可篡改性。这使得用户更加信任互联网上的信息，摆脱了对中心化机构的过度依赖。在区块链技术的加持下，第三代互联网是"有状态的"，也就是说，网络的状态是在分散的开放协议中共享和同步的，而不是局限于私人企业网络。例如，当我们购买了一幅数字藏品时，这个交易的信息会被加密记录在分布式账本上。这样，任何人都可以验证这笔交易的真实性，确保数字艺术品的所有权清晰可见、可信任。

与此同时，智能合约作为区块链的一项重要功能，使得我们可以在第三代互联网时代实现更加复杂的、不依赖中介的交易和合作。智能合约是一种自动执行的计算机程序，通过预设的规则和条件自动执行交易，确保交易的可靠性和公正性。这为商业合作领域带来了更高效率、更低成本的解决方案。例如，我们在租售房屋时会签订合同，规定在何种情况下可以出租或出售房产，何种情况下支付租金 / 购房款，以及何时进行交易等。智能合约会在符合条件的情况下自动执行合同，通过一种高效的方式在保护双方权益的基础上完成交易。

第三代互联网的核心之一是用户掌握数据和权利，而区块链技术为实现这一目标提供了坚实的技术基础。通过将信任分散化，第三代互联网建立了一个更加安全、开放、公正的互联网生态系统，使用户在其中能够更加自主地参与和创造价值。因此，第三代互联网时代关键变革之一在于对数字身份的重新思考。每个用户都可以拥有唯一的数字身份，通过区块链技术实现身份的分布式管理。数字身份的建立不仅为用户提供了更高的安全性，也为用户在互联网上的行为留下了可信的数字足迹。

3. 数字资产与数据资产

在中国信息通讯研究院（以下简称中国信通院）2022 年发布的《全球 Web3.0 技术产业生态报告》（以下简称《报告》）中，明确提出了第三代互联网的 4 个典型特征：去中心化、机器信任、创作经济和数字原生。《报告》指出，Web3.0 的经济空间是以数字资产为媒介，以分布式应用为形式，用户自主身份与数据之间展开的多种经济活动的集合。这一经济空间的形成源自第三代互联网时代数字空间中的价值载体——数字通证的发行和新协议的部署，最终其将以螺旋式上升的路径不断扩张和发展。数字资产与数据资产通过数字通证的方式不断发行和流通，服务价值与服务场景也随着生态的繁荣不断增长，将成为第三代互联网经济空间增长的主要驱动力。

在区块链的帮助下，第三代互联网时代的数字资产和数据资产在互联网领域将发生彻底的转变。我们将深入剖析数字资产与数据资产的核心概念、流通机制、确权应用以及相关的职业发展机会，旨在帮助读者更全面地理解第三代互联网时代数字资产与数据资产的新格局。

首先，我们需要了解数字资产与数据资产的相关概念。

（1）数字资产

在第三代互联网时代，数字资产的概念已经不再局限于传统金融领域。它涵盖了以数字形式存在且具有经济价值的各类事物，包括但不限于数字身份、虚拟资产、数字艺术品等。这些资产的独特之处在于，可在区块链技术支持下的去中心化网络中实现高度的可编程性和可交易性。

以 NFT 为例，NFT 是数字资产的一个重要范畴，它允许数字内容的唯一标识和对真实所有权的确认。一件数字艺术品的拥有者可以通过 NFT 在区块链上确立自己的独特身份，使得数字艺术品的交易更加透明和具有溯源性。

（2）数据资产

数据资产包括个体或组织所拥有的数据，这些数据可以包括个人的社交行为、消费习惯、医疗记录等。在第三代互联网中，数据不再是被动生成的信息，而被赋予了更高的价值和主权，个体能够借助区块链相关技术更自主地管理和运用自己的数据。

个人健康数据的管理是一个突出的数据资产案例。通过区块链技术，个体可以安全地分享自己的健康数据给医疗研究机构，为医学研究提供宝贵的信息，同时确保数据所有权在整个过程中得到尊重。

（3）流通和确权

在区块链技术的帮助下，解决了数字资产与数据资产的两个重要问题：流通与确权。这两个问题的解决进一步丰富了两种资产的内涵。

1）流通。"流通"指的是数字资产和数据资产在去中心化网络中自由、高效地传递、交易、分享的过程。这一过程得以实现主要借助于区块链技术和智能合约，为数字资产和数据资产的所有者提供更加灵活、安全、透明的流通机制。

具体来说，流通包括以下几个关键特征：

①跨地域性。区块链技术打破了传统金融体系的地域限制，使得数字资产和数据资产能够跨地区、跨国界流通。

②分布式。流通过程不依赖于中央机构或中介，而是通过分布式的网络节点验证和记录交易。这种分布式架构的特点确保了数字资产和数据资产的流通更为安全、可信，降低了交易的风险。

③可编程性。智能合约的引入使得数字资产和数据资产的流通变得更加智能、灵活。合约能够自动执行事先设定的规则，减少了人为干预，提高了交易的效率。

④透明度。区块链上的交易记录是公开的、不可篡改的，任何相关方都可以查看。这种透明度有助于建立信任，降低了交易的不确定性。

流通的实现使得数字资产和数据资产能够更自由地在网络中传递，促进了数字经济的发展。无论是个体用户还是企业，都能够更加便捷地利用自己的数字资产和数据资产，参与全球范围内的经济活动。

区块链为数字资产和数据资产的流通提供了更加高效、透明的机制。区块链技术在国际贸易领域的应用是一个鲜活的例子，通过智能合约，跨境交易可以在瞬间完成，去除了烦琐的中间环节，降低了交易成本，提高了数字资产的流动性。

作为区块链的重要特性，智能合约使得数字资产和数据资产的流通变得更加智能和可编程。合约的自动执行不仅提高了流通的效率，也减少了由于人为因素引起的错误和争议。例如，基于智能合约的数字身份验证系统，使得用户在进行数字资产交易时无须烦琐地进行身份验证。一旦符合设定条件，合约将自动执行，确保了数字资产的顺利流通。

2）确权。"确权"指的是通过区块链技术和加密算法等手段，对数字资产和数据资产的所有权、使用权、交易权进行明确、安全、不可篡改地确认和保障的过程。确权的实现旨在解决传统互联网时代中数字资产和数据资产管理、交易过程中存在的透明度、安全性和可追溯性等问题。

具体来说，确权包括以下 3 个方面：

①所有权确认。通过区块链上的分布式账本，确保数字资产和数据资产的所有权归属清晰明确。每一次的交易和使用记录都被存储在区块链上，可被任何相关方追溯。

②使用权管理。区块链技术可以实现智能合约，对数字资产和数据资产的使用进行编程化管理。合约规定了资产的使用条件，一旦满足条件就自动执行，确保合法权益。

③交易权的安全保障。区块链的不可篡改性和分布式特点确保了数字资产和数据资产交易的真实性。任何一次交易都需要通过网络节点的验证，杜绝了篡改和伪造。

确权的实现使得对数字资产和数据资产的管理更加透明、安全和高效。在第三代互联网时代，无论是个体用户还是企业用户，都能够更好地掌握和保护自己的数字资产和数据资产，从而推动数字经济的可持续发展。通过区块链技术，个体对于自己数据的所有权得到了强化，每一次数据交易都被记录在不可篡改的分布式账本上，确保了数据所有权的真实性和合法性。例如，在数字广告行业，区块链技术可以确保广告主获得的广告数据真实可信。每一次广告展示和点击都被记录在区块链上，防止了广告数据被篡改。数字资产的确权也得到了更高程度的保障。每一次数字资产交易都在区块链上留下痕迹，确保了交易的真实性和合法性，防范了盗版和虚假交易。区块链技术在艺术品市场的应用，使得数字艺术品的确权变得更为严密。数字艺术品的唯一标识被写入区块链，任何人都可以通过区块链查询艺术品的来源和真实性。

（4）职业新机遇

在第三代互联网带来数字资产与数据资产革命性进步的背景下，催生了一系列新兴行业和职业机会，涉及数字资产交易、数据安全管理、智能合约开发等多个领域。对于有志于从事区块链相关职业的人来说，未来将有更多在这一领域大显身手的机会。

一方面，数据资产安全专家成为职场热门。随着个人数据逐渐成为宝贵资产，保护数据安全成为一项紧迫任务。数据资产安全专家致力于保护数据隐私，防范数据泄露和滥用。例如，在金融领域，数据资产安全专家负责确保用户金融数据的安全，预防黑客攻击和数据泄露，维护金融系统的正常运行。

另一方面，数字资产平台的运营和管理成为一个新兴职业领域。在这个领域，专业人士深入了解区块链技术、市场趋势以及用户需求，确保数字资产平台的顺利运营。例如，平台运营人员定期更新平台功能，维护用户体验，同时关注数字资产市场的动向，以提供更符合用户需求的服务。

总而言之，在第三代互联网时代，数字资产和数据资产的重要性日益凸显。在这个巨大的变化之下，我们面临挑战的同时也有着丰富的职业机会和广阔的发展空间。通过深入了解这些资产的本质和运作方式，个体和企业能够更好地把握第三代互联网时代的机遇，推动数字经济的发展。

4. 深远影响

在区块链帮助下，第三代互联网的崛起标志着互联网的发展进入了一个全新的时代，这一时代不仅在技术层面带来了深刻的变革，更重要的是对社会经济、创新模式和未来发展趋势都产生了深远的影响。这些影响体现在以下 4 个方面：

（1）加速虚实融合

第三代互联网去中心化、机器信任等特点可为扩大产业数字化服务范围提供便利，促进实体经济价值提升，驱动企业数字化转型发展。第三代互联网数字原生、创作经济等特点则助力虚拟世界实现内生价值体系的自循环，以数据资源为主要生产要素，实现产品内容重构，推动数字产业化市场规模持续扩大。

（2）促进分布式经济发展

通过技术创新和新兴模式的引入，第三代互联网颠覆了过于集中的中心化模式，呈现出更加突出的分布式经济形态。传统模式中，大型中心化平台垄断了用户数据和资源，而第三代互联网将权力还给了个体和小规模参与者。

这种分布式经济的兴起有助于实现更公平的竞争环境，推动创新和创业的蓬勃发展。个体和小型企业能够更灵活地参与数字经济，共享数字化时代的红利。

（3）推动新的创新模式

第三代互联网为数字未来带来了全新的创新模式，打破了传统业务边界，为创新带来了更多可能。智能合约等新型技术和模式的引入，重新定义了数字创新的边界。

一方面，智能合约的可编程性使得各种业务逻辑能够自动执行，减少了中间环节与人为介入，提高了效率。这种自动化的特性不仅降低了交易成本，也为全新商业模式的孵化提供了可能。

另一方面，分布式技术催生了全新的服务和产品。在第三代互联网时代，用户不再受限于少数几个中心化平台的控制，而是能够通过分布式技术更自由地定制自己的数字体验。这种用户主导的模式带来了更为多元和个性化的创新。

（4）其他影响

得益于区块链技术的帮助，对于第三代互联网的未来发展，我们不妨展望以下几个趋势：

1）社会信任体系的建立。区块链技术的不可篡改性和透明性，将有助于建立更为可靠的社会信任体系。这将在数字世界中推动信任经济的发展。

2）数字身份的广泛应用。随着个体对于数字身份的掌控能力增强，数字身份将成为各种在线服务和业务的基础。这将推动数字身份管理领域的创新。

3）跨链技术的发展。针对当前区块链网络之间的孤岛现象，跨链技术将成为一个关键发展方向，促进不同区块链系统之间的互操作性，实现更大范围应用。

第11课

区块链赋能各行各业

1. 区块链及其应用

借助区块链技术的广泛应用，第三代互联网作为数字时代的新引擎，在全球范围内崭露头角，引起了各国产业界的高度关注。从宏观视角来看，区块链与第三代互联网在国际舞台上扮演着怎样的角色，其前景如何呢？

第三代互联网被认为是数字经济发展的新动力。它去中心化、分布式的特性，打破了传统产业的边界，使得数据、价值能够更加自由地流通。在全球范围内，越来越多的企业开始认识到第三代互联网的潜力，积极探索其在产业升级、创新和合作方面的应用。例如，一些创新型企业正在利用第三代互联网技术，建立去中心化的供应链网络，实现全球范围内物流信息的实时追踪和透明共享。这种全球化的生产方式使得供应链更加灵活，提高了效率，同时也降低了传统中心化模式下的风险。

与此同时，一些新兴科技企业正在利用第三代互联网构建跨境支付和结算系统，通过智能合约确保国际贸易中资金流动的安全、透明。这种应用不仅促进了国际贸易的发展，也为全球金融体系带来了创新。毫无疑问，这些广泛的应用场景都离不开区块链技术的有力支持。

除了企业层面的创新，政府也在通过建立数字经济产业园区，为第三代互联网初创企业提供孵化和成长的环境。政府与企业合作共同建设数字基础设施，推动第三代互联网技术在智能城市、工业互联网等领域的广泛应用。这种紧密的政企合作有助于推动第三代互联网产业在国家层面的快速发展。政府与企业的合作是推动区块链技术、第三代互联网与实体经济融合发展的关键因素。目前，各地政府纷纷制定政策，为第三代互联网的发展提供支持和引导，与企业共同探索数字未来的可能性。例如，雄安新区基于区块链技术建立了覆盖全市全行业的产业互联网平台，为企业在雄安云上建立"企业数据保险箱"。企业可以自主管理数据，系统自动生成企业画像，实现产业政策与企业的精准匹配，为企业减少重复申报，实现不同阶段的政策滴灌。

在全球范围内，一些国家通过设立专门的研究机构，鼓励企业投入第三代互联网技术的研发和应用。政府出台税收优惠政策，支持企业在第三代互联网领域进行创新实践。这种政策支持不仅激发了企业的创新热情，也加速了第三代互联网技术在产业中的落地和推广。

可见，从宏观产业视角来看，区块链技术与第三代互联网正在成为全球范围内数字经济发展的引擎。政府与企业的紧密合作将推动它们在全球范围内蓬勃发展，为数字未来的到来奠定坚实基础。

2. 区块链助力生产性互联网

生产性互联网是第三代互联网时代的重要概念，旨在将数字技术融入实体经济，重塑生产关系和商业模式。以区块链技术为重要基础，生产性互联网在第三代互联网时代崛起，不仅延续了传统互联网信息传递的特点，还将数字技术深度融入实体经济，实现了对信息的全生命周期管理和智能化应用。这一概念不仅注重数字化与实体经济的深度融合，更致力于提升生产率和推动商业模式创新。

生产性互联网强调信息的全程流通管理，从信息的产生、传递、加工到最终利用，形成了一个完整的闭环。传统互联网主要关注信息的传递，而生产性互联网通过数字化手段，实现对企业数据的完整生命周期管理，使得数据不再孤立存在，而是形成了一个动态的信息流，提高了数据的全局价值。

此外，生产性互联网通过整合人工智能、大数据、物联网等先进技术，可以实时感知、自动分析生产环境中的各种信息。这意味着企业能够做出更加智能的决策，从而提高整个生产流程的效率。例如，在汽车制造中，借助生产性互联网技术，工厂能够通过智能感知设备实时监测车辆组装过程中的质量状况。当检测到异常时，系统会自动触发警报并通知相关人员进行处理，实现了对生产流程的实时智能监控。

在我国，不少地区已经对生产性互联网布局做出了具体规划并提供了政策支持。2024 年 1 月，上海市政府办公厅发布了支持浦东新区、宝山区、普陀区、临港新片区和虹桥国际商务区中五个重点区域打造生产性互联网服务平台集聚区的若干措施，在这些区域形成引领数字经济创新、高效赋能产业发展的新高地，拓展产业发展的新空间。

区块链技术是第三代互联网的核心驱动力之一，为生产性互联网提供了强大的支持。其去中心化、不可篡改的特性为生产性互联网的发展提供了解决方案，弥补了传统互联网在信任和数据安全方面的不足。区块链技术提供了分布式账本，实现了信息的不可篡改。在生产性互联网中，各个环节产生的数据都能够通过区块链记录，确保数据的真实性和完整性。这种数据的可信性为企业的决策提供了可靠基础。此外，智能合约作为区块链技术的重要应用，为生产性互联网提供了自动化执行合同的机制。在供应链、物流等环节，智能合约能够自动执行交易、监控货物流转，减少了中间环节，提高了运作效率。

生产性互联网的兴起将深刻改变多个关键行业，引领产业数字化转型。我们不妨设想，在区块链技术助力下，生产性互联网可以在以下场景中帮助企业转型升级。

（1）智能制造行业

在制造业领域，生产性互联网将助力智能工厂的升级。通过物联网、人工智能等技术，实现设备的互联、生产过程的实时监控，使制造更加灵活、高效。生产线的智能化升级将提高产品质量和产能，满足个性化生产需求。

例如，制造企业可以利用生产性互联网，通过智能机器人和自动化生产线实现对电子产品的智能生产。工厂能够根据市场需求灵活调整生产计划，实现生产线的自适应性。

（2）供应链数字化升级

借助生产性互联网，物流和供应链管理方面将迎来数字化升级。区块链技术实现供应链信息的实时、透明，减少信息不对称，提高物流运作的可控性和效率。实时监控、智能调度将成为供应链管理的重要趋势，为企业带来更高效、稳定的供应链体系。

例如，某科技企业联合制造企业建设工业数据可信协同基础设施，在供应链协同管理、可信协同与共享设计、产品质量溯源3个应用场景，打通供应链间企业库存、设计文档、质量数据服务评价等数据，覆盖2 000余家工业企业，提升供应链协作效率。

（3）能源行业的数字化转型

生产性互联网通过区块链技术可以推动能源系统的智能化升级，实现能源的可追溯、可再生管理。能源交易的透明性将得到提高，推动能源行业迈向更加可持续的发展道路。

不难想象，通过生产性互联网的助力，各行各业将进一步加速实现数字化转型，提升整体竞争力，更好迎接第三代互联网时代的到来。生产性互联网将成为推动实体经济数字化的重要引擎，引领产业走向更加智能、高效的发展方向。

3. 区块链赋能在线新经济

（1）推动商业变革

第三代互联网时代迎来了一场革命，区块链技术作为其技术底座为数字经济发展注入了新的活力，塑造了全新的在线经济格局。在这个数字时代，我们将见证数字资产和智能合约成为推动商业变革的两大引擎，去中心化的协作模式和社区经济将获得发展。

1）开放共享的数字资产。数字资产在第三代互联网的框架下呈现出更加开放、透明的特点。在传统经济模式中，中心化的机构掌握着资源的分配权，而在第三代互联网时代，去中心化的数字资产管理使得用户能够直接参与资源的共享和管理。例如，数字艺术品市场采用了区块链技术，确保每一件艺术品的信息都能被真实记录和透明展示，为数字资产的开放共享奠定了坚实的基础。

2）智能合约的创新应用。在数字经济的舞台上，智能合约成为创新商业模式的关键工具。这种基于区块链的自动执行合同的机制，减少了交易的中间环节，提高了交易的效率。例如，在供应链金融领域，智能合约的应用使得企业能够实现账款自动核查、融资迅速到账，为商业模式的创新提供了可能性。与此同时，第三代互联网时代的商业模式正在经历着深刻的变革，而区块链技术则为新型商业模式的孵化提供了强大的动力。

3）去中心化的协作模式。传统商业模式中，中心化的机构通常扮演着组织者的角色，而在第三代互联网时代，去中心化的协作模式逐渐成为主流。区块链技术通过智能合约实现自动化、不可逆转的交易执行，促使企业之间建立更为公正、透明的协作关系。

4）社群经济的崛起。第三代互联网时代，社群经济成为一个突出的商业模式。基于区块链的社群经济强调用户自治，通过代币激励和治理机制实现社区成员之间的价值共享。例如，在线教育行业可以通过区块链技术建立学生、教师、机构之间的社群经济体系，激发教育资源的优化配置。

（2）催生新职业

伴随着数字经济的崛起，第三代互联网时代也孕育出一系列新兴职业，为就业市场带来了更多可能性。

1）区块链开发工程师。随着区块链应用不断拓展，区块链开发工程师成为备受瞩目的职业。他们负责设计、开发区块链应用，确保系统的安全性和高效性。在世界范围内，各大科技公司和创新企业纷纷招聘区块链开发工程师，推动了该职业的兴起。

2）数据分析师。数字经济时代，数据成为重要的生产要素，对数据分析师的需求日益增长。他们通过分析大数据，为企业提供决策支持，挖掘商业价值。例如在零售行业，数据分析师通过深度分析用户行为，帮助企业优化营销策略，有助于提高精准营销的效果。

3）区块链项目经理。随着区块链项目的不断涌现，对区块链项目经理的需求逐渐增加。他们负责项目的规划、执行和管理，确保项目按时、按质完成。在第三代互联网创业领域，区块链项目经理成为创业公司迫切需要的人才。

第三代互联网时代的数字经济为新兴职业提供了广阔的舞台，各行各业都在逐渐适应这一新格局，为就业市场带来更为多元的发展机遇。我们应该抓住机遇，成为面向未来的区块链专业人才。

4. 区块链带来行业变革

在第三代互联网时代，区块链技术在各行各业掀起了一场变革风暴，其影响不仅局限于我们讨论的数字资产、数据资产与数字经济等方面，它的更广泛运用跨越了医疗、供应链、金融等多个行业，为各行各业带来了创新和提升。

（1）医疗行业的创新

在医疗领域，区块链技术为患者数据的管理和共享提供了全新的解决方案。例如，医疗机构可以将患者医疗信息上链，确保病历数据安全、透明，并实现多个医疗机构之间的信息共享。这不仅改善了患者的医疗体验，还促进了医疗资源的高效利用。

（2）供应链的透明与追溯

在供应链领域，区块链为产品的生产、流通提供了更为透明和可追溯的解决方案。通过区块链，企业可以实现对产品原材料、制造过程、物流等环节的实时监控和溯源。一个具体的场景是，食品企业可以利用区块链技术，使得消费者通过扫描产品上的二维码，即可查看产品从产地到终端的可信全过程，提高了食品安全水平。

（3）金融领域的创新应用

金融行业是区块链技术应用最为广泛的领域之一。通过区块链，可以实现去中心化、透明化、不可篡改交易，提高了金融交易的效率和安全性。比如，借助区块链技术开展的供应链金融相关业务，可以将真实可信的供应链数据作为融资授信，降低了企业融资的门槛。

（4）跨界融合：探究区块链技术在不同行业间的融合与创新

1）物联网与区块链的结合。在第三代互联网时代，物联网和区块链的结合为各行业带来了更多创新。例如，在智能城市建设中，通过将传感器数据与区块链技术相结合，可以实现对城市基础设施的智能监测和管理，提升城市运行效率。

2）跨境贸易的区块链应用。在跨境贸易领域，区块链技术提供了一种更为高效、透明的解决方案。跨境电商企业可以利用区块链建立信任机制，简化国际贸易中的支付、清关等流程，推动跨境贸易的数字化升级。

在第三代互联网时代，区块链不再是某个行业的独有工具，而是成为连接各行各业的纽带，促进信息的共享和协作的加强，为未来的产业变革和创新带来了崭新的可能性。

第*12*课

区块链与第三代互联网发展趋势

1. 发展动态

（1）全球第三代互联网的合作与竞争

第三代互联网的发展在全球范围内引起了广泛关注，各国纷纷加大力度推动相关技术的研究与应用。

1）技术创新的竞争。在国际舞台上，第三代互联网技术的创新竞争愈发激烈。各国纷纷投入资金支持科研机构和企业，推动区块链、人工智能等相关技术的前沿研究。

在我国，区块链相关技术被明确为"十四五规划"中数字经济的重点发展方向。中国香港则目标成为全球 Web3.0 中心，在2023 年 1 月成立了"Web3.0 基地"（Web3.0 Hub）吸引全球的创业者。目前，香港数码港已落户约 80 家区块链相关企业。

美国则在区块链企业融资方面一枝独秀。受益于美国相对宽松的监管环境和发达的金融服务，2010 年至 2023 年第三季度，美国区块链企业融资金额全球占比达到50.0%，远高于其他国家。在地域方面，美国区块链独角兽企业数量最多，总计71家，大幅领先其他国家。

2）标准制定的合作。为了促进第三代互联网技术的国际标准制定，各国加强了在国际标准组织中的合作。共同制定标准规范有助于降低技术壁垒，促进不同国家、地区第三代互联网系统更好地互通互用。

区块链是多种技术的融合创新应用，对标准化要求较高，特别是区块链技术逐步在关键领域落地应用，各国对标准化工作的重视程度也在不断提升。自2016年起，ITU-T（国际电信联盟电信标准分局）、ISO（国际标准化组织）等纷纷组建区块链标准研制工作组。在区块链国际标准研制工作组建立及标准贡献度方面，我国均占有一席之地。在组织建设方面，ITU-T、ISO等设立的16个工作组和研究组，我国已参与14个。在标准研制方面，ITU-T共发布区块链标准45项，我国参与19项。

3）隐私与安全的拓展。随着第三代互联网时代的来临，对于隐私保护和网络安全的重视也逐渐上升。各国政府加强对于个人信息的合规管理，推动隐私保护法规的制定。在安全方面，加强技术研发，不断努力提升网络系统的防护能力，以抵御各类网络攻击。

目前，发达国家正在积极构建数字资产监管框架。基于区块链的数字资产仍是全球监管重点关注的对象之一，欧美国家围绕数字资产加快完善监管体系。欧盟首个加密资产监管框架已经出台。2023年5月，《加密资产监管市场法案》（简称MiCA法案）正式通过，该法案对欧盟境内各类加密资产服务提供商和发行商主体进行统一规制，辐射至 27 个国家以及 4.5 亿欧盟人口的加密资产大市场，为全球各国的加密资产监管提供示范参考。

（2）我国在区块链与第三代互联网建设中的最新进展

1）政策引导的支持。近年来，数字化建设政策密集出台，我国已经基本形成完善的数字化发展战略规划与举措相结合的政策体系。2024 年 1 月，工业和信息化部、教育部、科技部、交通运输部、文旅部、国务院国资委和中国科学院等七部门联合发布了《关于推动未来产业创新发展的实施意见》（工信部联科〔2024〕12 号，以下简称《实施意见》）。《实施意见》明确指出，要推动第三代互联网在数据交易所应用试点，探索利用区块链技术打通重点行业及领域各主体平台数据，研究第三代互联网数字身份认证体系，建立数据治理和交易流通机制，形成可复制可推广的典型案例。在国家政策指导下，地方政府积极出台数字资产有关政策。总体来看，地方政策都致力于推动数字资产的发展，完善数字资产的交易机制，加强对数字内容的保护，以及探索新的商业模式。

以上海市为例。2023 年 9 月，上海市科委印发《上海区块链关键技术攻关专项行动方案（2023—2025 年）》，提出到 2025 年，在区块链体系安全、密码算法等基础理论，以及区块链专用处理器、智能合约、跨链、新型存储、隐私计算、监管等技术领域，加快实现创新突破，形成可支撑 Web3.0 创新应用发展、可管可控、开源开放的新一代开放许可链技术体系与标准规范，为构建数字经济可信安全技术底座、培育具有全球影响力的新一代区块链创新生态奠定基础。

2023 年 12 月，上海市人民政府办公厅印发《上海市促进在线新经济健康发展的若干政策措施》，提出要加快建设城市区块链基础设施，完善数据要素开放流通机制，探索建设规范先行的 Web3.0 生态。上海市将支持在线新经济企业面向智能合约、网络操作系统、数字身份认证等技术开展研发攻关。开放数据资产确权、供应链管理、经营主体信用、商品溯源、跨境贸易流通等场景，鼓励在线新经济企业打造分布式应用。

广东省出台了《广东省培育区块链战略性新兴产业集群行动计划（2023—2025 年）》等相关政策。此外，重庆市渝中区正在开展国家区块链创新应用综合性试点。据不完全统计，包括北京、上海、成都、重庆、西安、青岛、昆明、无锡、赣州、湖州等在内的地方，发布区块链相关政策已超过 1 200 项。

根据中国信通院 2023 年发布的区块链白皮书，我国目前各地区块链相关政策呈现以下趋势：

①强调推动区块链及其他数字化技术的应用。各地承认区块链技术和其他数字化技术的潜力，并致力于在其管辖范围内推动这些技术的应用和发展。

②强调完善数字资产确权和交易机制。多个地方关注到数字资产的确权和交易机制的重要性，如北京和上海都提出建设数字资产交易平台，海南提出探索推动数字资产全球化流动，而重庆计划建立大数据产权交易和治理机制。这些政策均旨在为数字资产创造一

个更为规范、安全的交易环境。

③强调加强对数字内容的保护。多项政策强调了对数字内容的保护，以保障数字内容拥有者的权益，促进数字经济的健康发展。

④强调探索新的商业模式。多个地方指出新的商业模式能为数字经济发展提供新路径和新模式。各地政策的灵活性和创新性将有助于推动数字资产领域的发展，并在全国范围内形成有益的政策探索和经验分享。

2）技术发展的路径。当前，区块链技术沿公有链和联盟链两大技术路线分别演进，公有链聚焦可扩展性和安全性，强化技术创新，联盟链则面向自主化、多领域、规模化应用的持续优化。两大技术路线并行发展的同时，融合二者优势的开放联盟链也迎来快速发展，有望成为第三代互联网时代数据价值释放和协作共享的重要技术底座。

3）产业生态的构建。我国在第三代互联网产业生态的构建方面也取得了显著成就。涌现出一批在区块链、云计算、物联网等领域具有国际竞争力的企业。这些企业的发展推动了整个产业链的协同发展，形成了庞大的产业生态系统。技术赋能数字经济的边界在不断延展，政务数据共享、民生服务、数字金融、医疗健康、数字文创等各类行业应用纷纷涌现。

从地域分布来看，我国区块链企业主要集中在数字化发展较快的地区，包括北京、广东、上海、浙江、江苏等地，已经形成一定规模的产业生态。从产业投融资来看，2023 年前三季度我国区块链企业投融资交易共 14 笔，已披露金额总计 5 400 万美元。

从产业影响力来看，在 2023 年年初福布斯公布的全球区块链 50 强榜单中，我国共有 6 家企业上榜，相关企业的技术应用能力取得明显提升。

4）积极参与国际标准制定。近年来，国内区块链技术应用标准研制活跃，各类标准化组织合力推进标准制定工作。从 2016 年起，国内诸多机构开展了区块链标准立项工作。据中国信通院整理统计，截至 2023 年 12 月，国内相关标准化组织累计发布区块链领域技术标准 209 项，其中包括：国家标准 3 项、行业标准 8 项、团体标准 167 项和地方标准 31 项。从已发布的标准来看，团体标准最为活跃，成果丰富，占比高达近 80%，涵盖了术语规范、技术规范、安全、性能指标、互操作、智能合约、行业应用等众多领域；国家标准和行业标准总计 11 项，约占全部标准数量的 5%，涉及安全密码、参考架构以及金融应用等少数领域。

2. 相关趋势

在区块链技术推动下，第三代互联网的发展不仅体现在技术上的演进，更表现为对社会结构和文化的深刻影响。区块链和第三代互联网的相关趋势，以及对社会经济和文化的影响体现在以下 8 个方面：

（1）发展理念进一步清晰，避免高概念与技术偏执

目前，第三代互联网仍处于发展初期，逐渐出现了两种主流的建设参与者，一部分参与者试图从去中心化基础设施、分布式数字

身份等视角去解决现有互联网存在的问题，另一部分参与者则试图从数字资产、智能合约等视角去探索数字原生的新应用和新模式。

与此同时，在区块链、人工智能、虚拟现实等新一代信息技术快速发展的背景下，第三代互联网的概念范围已经扩大到全真接入、数字孪生等很多宽泛的领域。随着技术和产业的不断成熟，从业者和参与者将会逐步聚焦，梳理出明确的发展理念和演进路径。

（2）技术栈持续演进，统一技术标准加快产品研发成为重点

第三代互联网目前初步形成了支撑实体经济与数字经济融合发展的能力，但在技术和应用实践的验证下，需要推动相关技术与工程应用不断发展。如同万维网诞生之初的 HTTP 协议等核心技术标准，各类公链、联盟链等底层区块链基础设施在构建分布式信任网络中发挥了巨大的作用，分布式标识符 DID 技术方案也已经接近于第三代互联网数字身份的事实性标准。类似的统一标准和产品在第三代互联网这样一个快速发展的体系中，将受到产业界和学术界的高度关注，吸引更多的研发人员和应用实践，并形成优势叠加。

（3）第三代互联网影响逐渐进入日常生活

在开发分布式应用的同时，包括基础设施、组件工具、交互界面、用户入口部署环境等在内的第三代互联网开发核心要素，也在同步大量建设和运行。随着部署规模的增加，各类组件和系统之间的连通性逐步增强，会对现有网络设施带来更加具体和深刻的影响，例如，具有分布式特征的组件工具将加速数据中心向分布式存

储演进，存证规模的扩展及智能合约的计算需求将加速驱动计算网络边缘化发展，面向数字身份的认证将推动网络内生的安全通信等。

（4）数据要素潜力进一步释放，数字原生生态将更具活力

第三代互联网为数据要素流通提供了可信身份管理和资产化表达能力，不但能够实现数据确权、数据交易和数据流通，而且能开辟更多的数字原生应用场景，促进实体经济与数字经济融合发展。

一方面，原生的第三代互联网应用可以对我们所生活的物理世界和网络应用进行升级和改造，如在游戏、文化、社交等领域中，都拥有丰富探索并具有创新性的第三代互联网应用场景。另一方面，在元宇宙、加密金融资产等领域中，也不断涌现出以数据为生产要素，依托数据的流通和价值而形成的新型应用模式和经济模型。

（5）区块链技术与人工智能技术相互促进

在第三代互联网时代，区块链与人工智能技术将发挥巨大作用，并且呈现出了强烈的互补特性。人工智能技术可以与区块链技术相结合，实现数据的安全共享和隐私保护。通过使用加密算法和零知识证明等技术，人工智能可以在不泄露用户隐私的情况下，对数据进行分析和处理。

人工智能技术也可以被应用于区块链的共识算法中，提高共识的效率和安全性。例如，通过使用机器学习算法，可以对共识过程

进行优化，降低能源消耗和计算成本。

与此同时，人工智能技术还可以帮助实现不同区块链之间的互操作性，促进数据和资产的跨链流通。这将有助于构建一个更加开放、互联的去中心化网络生态系统。

区块链技术也可以促进去中心化的人工智能市场的发展，使得人工智能算法、模型和数据集可以在区块链上进行交易。这有助于激励人工智能开发者和数据提供者，同时也为用户提供了更多选择和灵活性。

（6）第三代互联网带来革命性视角，推动多方全面布局

Web2.0 时代开始出现的互联网平台，为用户与平台之间提供了丰富的互动，改变了商家与消费者的交易模式，成功降低了生产和交易成本。而第三代互联网的典型特征之一就是去中心化，这对以平台为中心的产业生态带来了巨大的冲击。

但第三代互联网与 Web2.0 并不是绝对的矛盾关系。目前看来，中心化平台其实也是去中心化应用、分布式存储的重要互补。不难预见，在较长的时间内两者必将继续共存。与此同时，Web2.0 时代形成的大型互联网平台企业，均已经开始启动Web3.0 技术研发、应用探索等全面性的战略布局。

（7）相关监管法律、法规与技术手段将进一步完善

目前，第三代互联网的技术框架尚未稳定，其发展理念的实现，与开放的公有区块链以及联盟链、加密数字货币等核心技术工程实现之间的关系，也还存在许多不确定性，这也进一步导致政府

主管部门等监管机构对底层链技术与节点设施、分布式数字身份、数字货币的注册与分配等关键问题的监管有待确认。

各国政府和国际化治理平台组织等纷纷开展前瞻性研究，寻找合理的治理机制和法规保障，通过建立试验区等方式探索构建全方位、多层次、立体化的新型监管治理体系，来确保第三代互联网技术与产业的健康发展。

（8）第三代互联网将对社会逐渐产生影响

随着区块链技术的应用，信息的透明度将得到显著提升。在第三代互联网时代，数据不再被个别机构垄断，而是以去中心化的方式存在。这将促使社会更加关注信息真实性，降低虚假信息传播的可能性。

3. 畅想未来

随着区块链和第三代互联网技术的不断发展，我们不妨对未来生态的发展进行一番畅想，思考这一技术革命可能给社会带来的深远变革。

（1）数字经济蓬勃发展

未来，随着第三代互联网技术的不断成熟，数字经济将蓬勃发展。区块链的去中心化特性、智能合约的广泛应用将推动数字经济的各个领域，即从金融到物流再到供应链，形成更加高效、透明的数字化经济生态。

（2）新兴产业涌现

随着第三代互联网技术的深入应用，将催生出一系列新兴产业。从区块链开发、数据治理到数字身份管理，各行各业都将迎来新的机遇。创新型企业将在这一生态系统中崛起，推动产业结构不断优化。

（3）社会治理转变

第三代互联网时代将带来社会治理的全新模式。去中心化的决策机制、透明的数据管理将推动政府和社会组织更加透明化、高效化。公共事务的决策将更加贴近民意，社会治理将呈现出更为开放和包容的特征。

（4）个人数据权益强化

未来，随着第三代互联网的发展，个人对于自己数据的掌控权将得到强化。个人数据的合法获取和使用将受到更为严格的法律保护，确保在数字世界中能够更好地保护个人隐私。

（5）社会合作深化

第三代互联网时代将促进社会合作的深化。智能合约的普及将使得协作更加高效、透明。各个组织和个体之间将建立更加紧密的合作关系，推动社会的共同繁荣。

（6）社会发展数字化赋能

随着技术的演进，区块链驱动的第三代互联网将数字化赋能社会发展。从数字货币的广泛应用到区块链在社会治理中的作用，技术的不断创新将带来更多可能性，推动社会向着更加数字化、智能化的方向发展。

在区块链技术的助力下，第三代互联网将为我们打开一扇通往数字未来的大门。通过技术的不断创新和社会的积极响应，我们有望迎来一个更加智能、公正、协作的时代。

参考文献

［1］柴洪峰，马小峰.区块链导论［M］.北京：中国科学技术出版社，2020.

［2］马小峰.区块链技术原理与实践［M］.北京：机械工业出版社，2020.

［3］刘权.区块链与人工智能：构建智能化数字经济世界［M］.北京：人民邮电出版社，2019.

［4］井底望天，武源文，赵国栋，等.区块链与大数据：打造智能经济［M］.北京：人民邮电出版社，2017.

［5］人力资源和社会保障部专业技术人员管理司.区块链工程技术人员（初级）——区块链技术基础知识［M］.北京：中国人事出版社，2021.

［6］人力资源和社会保障部专业技术人员管理司.区块链工程技术人员（初级）——区块链工程技术能力实践［M］.北京：中国人事出版社，2021.

［7］互链脉搏，猎聘．2019 年中国区块链行业人才供需研究报告［R］．2019．

［8］工业和信息化部人才交流中心．区块链产业人才发展报告［R］．2021．

［9］互链脉搏，猎聘．2020 年中国区块链人才发展研究报告［R］．2019．

［10］零壹智库．2020 中国区块链教育及人才发展报告［R］．2020．

［11］欧易研究院．2022 全球区块链领域人才报告（Web3.0 方向）［R］．2022．

［12］中国电子信息产业发展研究院，中国区块链生态联盟，赛迪（青岛）区块链研究院，等．2022—2023 中国区块链年度发展报告［R］．2023．

［13］中国移动通信联合会．中国区块链产业人才需求与教育发展报告［R］．2023．

［14］中国信息通讯研究院．区块链白皮书（2023 年）［R］．2023．

［15］中国信息通讯研究院．全球 Web3.0 技术产业生态发展报告［R］．2022．

［16］亿欧智库．2023 中国数据要素生态研究报告［R］．2023．

［17］Stackpole Thomas．"What is web3？"［J］．Harvard Business Review，2022（10）．

［18］Akash Takyar，LeewayHertz 咨询公司．AI IN WEB3：How Ai Manifests In The World of Web3［R］．2023．

后　记

　　当前，数字经济正成为推动社会进步的重要引擎，而对数字人才的需求也日益旺盛，在新兴的区块链领域尤为如此。区块链技术以其去中心化、高安全性、透明可追溯等特性，逐渐成为数字经济的重要基础设施。鉴于区块链技术的专业性和复杂性，社会大众对其了解有限，这在一定程度上制约了区块链技术的普及和应用。数字技术的普及和应用，需要全民的共同参与和努力。因此，我们深感有必要编写一本通俗易懂的科普著作，帮助广大读者了解区块链技术，提升全民数字素养。

　　本书的编写，正是基于这样的时代需求和社会责任。本书面向全民，特别针对准备从事或已从事数字技术新职业的人群，包括数字技术专业高等院校、职业院校的学生，以及准备从事数字技术专业学习的其他人群，帮助他们更好地理解区块链技术，提升自身的素养和竞争力。

　　本书内容构成丰富，分为数字知识篇、数字职业篇、数字产业篇、数字未来篇四个部分。数字知识篇深入浅出地介绍了区块链技术的基本概念、原理和应用场景；数字职业篇聚焦区块链领域的新职业和新岗位，为有志于从事该领域工作的人群提供了清晰的职业指引；数字产业篇从国家战略的高度，阐述了区块链技术在推动数字经济发展、提升国家科技文化软实力等方面的重要作用，并用生动的案例诠释了区块链在广泛应用场景中的重要角色；数字未来篇则展望了区块链技术的未来发展趋势和应用前景，激发读者对数字未来的无限遐想。

本书编写过程中参考了多方面的文献，得到了中国电子学会和中国人事出版社专家学者和工作人员的大力帮助和指导，特别感谢宋豪、李炜博、杨宸哲、丁闻和王娟的大力支持和协助，才使得本书得以顺利完成。在此，我们表示衷心的感谢。同时，我们也要感谢所有关注和支持本书出版的读者朋友们，是你们的信任与支持，让我们更有动力去创作更多优秀的科普作品。我们真诚地希望本书能够成为你们探索数字时代的良师益友，让我们一起携手迈进数字时代的新征程，共同谱写更加辉煌的未来！

由于编者水平和时间所限，本书的不足与疏漏之处在所难免，恳请广大读者批评与指正。

编者

2024 年 3 月